应用中子物理学实验

主　编　黑大千

副主编　姚泽恩　贾文宝

科学出版社

北京

内 容 简 介

本书介绍了中子的基本性质、中子与物质的相互作用、常见中子源及中子探测器的一些基础知识;较为系统地介绍了应用中子物理学中常见、基础性实验,主要包括:中子通量测量、中子能谱测量、中子场剂量测量、中子防护与屏蔽、核素俘获中子截面测量、中子活化分析以及常见中子技术应用拓展等;并提供了常用中子源及其特性、元素与常见分子的截面和核参数、常用放射性核素及其参数等工具性数据.

本书符合应用中子物理学教学需求,可供核科学与技术相关专业本科生和研究生教学使用,亦可作为相关专业选修教材及从事相关专业教学和科研人员的参考用书.

图书在版编目(CIP)数据

应用中子物理学实验 / 黑大千主编. —北京:科学出版社,2022.6
ISBN 978-7-03-071900-3

Ⅰ. ①应… Ⅱ. ①黑… Ⅲ. ①中子物理学-实验-教材 Ⅳ. ①O571.5-33

中国版本图书馆 CIP 数据核字(2022)第 043354 号

责任编辑:罗 吉 杨 探 / 责任校对:杨聪敏
责任印制:张 伟 / 封面设计:蓝正设计

科 学 出 版 社 出版
北京东黄城根北街 16 号
邮政编码:100717
http://www.sciencep.com

北京捷迅佳彩印刷有限公司 印刷
科学出版社发行 各地新华书店经销

*

2022 年 6 月第 一 版 开本:720×1000 1/16
2022 年 6 月第一次印刷 印张:6 3/4
字数:136 000
定价:29.00 元
(如有印装质量问题,我社负责调换)

前　言

核物理实验是核物理学的基础. 1895 年德国物理学家伦琴在阴极射线的实验中发现了 X 射线；1896 年法国科学家贝克勒尔发现了放射性；1898 年卢瑟福通过电磁偏转实验研究了α粒子；1932 年英国物理学家查德威克在氦核轰击铍的实验中发现了中子. 这些重要发现均得益于核物理实验的开展与实施.

中子的发现是原子核物理发展史上的一个里程碑，具有划时代的深远意义. 人们了解了原子核是由质子和中子组成的；重新认识了原子量与原子序数的关系，以及原子核的自旋、稳定性等原子核的特性问题；更打开了人类进入原子能时代的大门. 中子在近现代科学研究和技术进步中同样扮演了重要角色. 在材料学方面，中子散射分析可以研究物质结构，中子活化分析可以研究物质核素组成，中子照相技术可以显示物体内部结构；在生物医学方面，中子散射技术可以研究大分子蛋白质的结构，利用中子与硼的高反应截面发展了硼中子俘获治疗技术；在能源方面，中子更是维持可控自持链式核裂变反应的关键；此外，在环境、工业等诸多方面，中子技术也有着越来越多的应用. 由此可见中子技术的重要性.

本书在前人工作的基础上编纂，首先简要介绍了中子的基本性质、中子与物质的相互作用、常见中子源及中子探测器的一些基础知识，为读者能够更好地理解实验内容奠定理论基础. 随后较为系统地介绍了应用中子物理学中常见、基础性实验，主要包括：中子通量测量、中子能谱测量、中子场剂量测量、中子防护与屏蔽、核素俘获中子截面测量、中子活化分析以及常见中子技术应用拓展等. 最后，以附录的形式提供了常用中子源及其特性、元素与常见分子的截面和核参数、常用放射性核素及其参数等工具性数据.

编写团队希望本书可以使读者在了解中子物理知识的基础上，指导中子物理实验的开展，并通过实验更加直观地对中子物理学有进一步的理解. 由于编者水平与时间有限，掌握的资料可能不够全面，加之中子技术仍在不断发展，因此书中难免存在疏漏与不当之处，希望读者能够给予指正.

本书除三位编者外，还有多位老师与同学参与了本书的素材收集、修改及校对工作，他们是程璨博士、韦峥老师、张宇老师、单卿老师、凌永生老师、王俊润老师、李佳桐博士，博士研究生蔡平坤、赵冬、孙爱赟，硕士研究生汤亚军、雷浩宇、李红光等，在此一并致谢.

编　者

2022 年 2 月

于兰州大学

目 录

第1章

中子源及中子探测

1.1　中子基本性质

中子的概念是由英国物理学家卢瑟福提出，1932 年查德威克用α粒子轰击的实验证实了其存在性. 中子的发现是 20 世纪物理学发展中一个极重要的事件，中子的发现与人工放射性、带电粒子加速技术并列为 20 世纪 30 年代原子核研究发展中的三个里程碑.

中子的静止质量为 $1.67492728(29)\times10^{-27}$kg，自旋为 1/2，呈电中性. 自由中子是不稳定的，其半衰期约为 10.24min，通过放出一个 β 粒子和一个反中微子衰变为质子. 中子的电中性使其很难被直接测量或控制，当中子接近原子核时，其动能几乎不会改变，自由中子与原子核的碰撞遵循宏观下两小球弹性碰撞时的动量定理. 任何能量的中子都可以引起核反应，利用这些反应可以对中子进行探测，或实现对材料性质的研究.

中子可根据其能量或速度进行简单分类. 在不同领域对各能量中子的分类并无绝对统一的定义，该分类只是大致对中子能量进行分类，方便其描述.

热中子是应用最广泛的中子能量之一，其符合麦克斯韦–玻尔兹曼分布并且其是最概然动能(约为 0.0253eV)的自由中子，对应这一动能的中子速度约为2198m/s，这个速度也是对应于 290K 温度下麦克斯韦–玻尔兹曼分布下的最概然速率. 该能量的中子具有较大的中子辐射俘获截面，可用于中子活化分析，探索物质元素成分.

将热中子通过液氢或液氘的冷却，则可获得能量为 $5\times10^{-5}\sim0.025$eV 的冷中子. 该能量的中子由于其波长与材料晶格尺寸相当，常用于中子散射、中子衍射实验，用于分析物质结构. 进一步将其通过固体氘或超流液氦的冷却，即可获得能量小于 3×10^{-7}eV 的超冷中子.

超热中子的能量为 0.1～1eV，广泛应用于中子测井中；中能中子的能量为

1eV～100keV，常被应用于重核元素的中子共振吸收研究中；快中子的能量约为 100keV～14MeV；这些能量的中子通常由中子源产生的快中子与含有轻质核素组成的慢化体相互作用产生. 此外，能量大于 10MeV 的中子通常被称为高能中子，其可通过加速器轰击靶子或高能宇宙射线轰击大气层产生.

中子场或束流的描述可以用分布函数和平均数量表征. 中子密度是概率分布函数，其描述了单位体积内中子的数量，而通量(或注量率)是单位时间内穿过单位表面的中子数量. 通过简单地将其与中子速度相乘并将其积分归一化，可以从密度分布获得通量分布.

1.2　中子与物质的相互作用

由于中子具有电中性，其不能直接使物质电离. 当中子与物质发生相互作用时，其能量损失主要发生在中子与原子核的作用过程中. 所以研究中子与物质的相互作用时，主要是研究中子与原子核的相互作用过程. 根据中子与物质的反应结果，可以将中子与物质的反应方式分为三种：势散射、直接相互作用和复合核的形成.

1.2.1　势散射

当中子靠近靶核时，受核力作用而散射，这时中子不会引起靶核的能量状态变化，只是把它的部分能量转移给靶核，使其反冲，而散射中子则改变原来的运动方向和动能. 这种作用的特点是：散射前后靶核的内能没有变化. 入射中子把它的一部分或全部动能传给靶核，成为靶核的动能. 势散射后，中子改变了运动的方向和能量. 势散射前后中子与靶核系统的动能和动量守恒，所以势散射为一种弹性散射.

1.2.2　复合核反应

由于中子不受库仑场的阻挡，因此被靶核吸收形成复合核，入射中子的一部分动能转化为复合核的动能 E_c，另一部分中子动能和中子结合能就转化为复合核的激发能 E_c^*.

1. 共振散射

复合核发射中子而退激到基态，称复合核弹性散射. 当入射的中子能量正好达到复合核的某个能级时，靶核出现共振，吸收中子，这种共振复合核发射中子后退激的弹性散射称共振弹性散射. 共振弹性散射只对特定能量的中子才能发生.

2. 非弹性散射

如果复合核释放中子后，剩余核仍处于某个激发态，此过程称为非弹性散射反应，其反应具有阈值. E_1^* 为靶核发生非弹性散射的第一激发能级，当入射中子能量 E_n 大于靶核的 $(E_1^* - E_0)$ 时，就可能使靶核受激发. 复合核发射一个动能较低的中子后，入射中子所损失的那部分动能就转化为靶核的激发能. 这时处于激发态的靶核往往通过发射 γ 射线而退激. 对于中、重核，第一激发能 $(E_1^* - E_0)$ 为 0.1～1MeV，而轻核则约 10MeV，故只有很高能量的中子才可能与轻核发生非弹性散射.

3. 裂变过程

入射中子与重核、U、Pu、Th 等碰撞时，形成复合核，高度不稳定的复合核像液滴那样经过一系列振荡、形变，最后分裂成质量相近的两个裂片核. ^{233}U、^{235}U 和 ^{239}Pu 在 E_n 约为 0 时也能引起裂变反应，称为易裂变核. ^{238}U、^{232}Th 需要 $E_n > 1MeV$ 时方能引起裂变. 但 ^{238}U、^{232}Th 在慢中子和热中子作用下，生成 ^{233}U 和 ^{239}Pu，故称为可孕核. 裂变碎片的中子/质子比偏高，故极不稳定，裂变碎片发射 2～3 个中子退激发，形成裂变产物.

4. 俘获过程

当入射中子的动能小于靶核内每个核子的平均作用能时，中子与整个原子核发生作用. 中子被靶核吸收形成复合核，并处于激发态，其激发能 $E_c^* = E_n + B_n$. 复合核以发射某种粒子而退激至基态的过程称为俘获反应.

(1) 中子被靶核吸收后形成激发态的复合核，通过发射 γ 射线退激的过程称为辐射俘获.

(2) 复合核也可以通过发射 α 粒子或质子退激，但 (n, α)、(n, p) 的截面比 (n, γ) 的截面要小得多.

1.3　中子源项介绍

自然界中是不存在自由中子的，要获得中子需通过核反应，使原子核的激发能大于中子在核中的结合能才能把中子释放出来. 借助核反应产生中子并能提供使用的装置叫做中子源, 常用的有同位素中子源、加速器中子源和反应堆中子源. 中子源的主要指标是中子能量、中子产额、中子角分布及伴生γ射线.

1.3.1　同位素中子源

1. (α, n)中子源

所有的(α, n)中子源都不是单能中子源, 其原因是: ①α粒子与发射它们的母核物质及靶核物质之间相互作用, 使α粒子能量慢化, 在 $E_\alpha^0 \sim E_\alpha^{阈}$ 范围内的任何能量的α粒子都可产生中子; ②一些α粒子发射母体有几种不同的衰变方式, 从而就有若干种初始能量的α粒子; ③由于角动量效应, 每种α衰变后, 所产生的中子角分布不同; ④由于三体反应的存在, 发射中子的能量分布不确定.

(α, n)中子源的产额取决于反应截面, 它与α粒子穿透靶核库仑势垒的概率直接相关. 只有 $E_\alpha \geqslant 1.44 \dfrac{Z_1 Z_2}{r}$ 时, 才能发生明显的(α, n)反应, $1.44 \dfrac{Z_1 Z_2}{r}$ 是靶核库仑势垒高度, Z_1、Z_2 分别为α粒子和靶核的电荷数, r 是相互作用半径, 以飞米(1fm = 1×10^{-13}cm)为单位. ^{9}Be库仑势垒大小约 4MeV, 而铀、钍和锕系元素的α粒子能量在 4~6MeV 范围内, 这就是 ^{9}Be(α, n)成为最广泛使用的同位素中子源的原因所在, 常见的(α, n)中子源及其参数见附录 I.

2. (γ, n)中子源

(γ, n)反应是吸热反应, 要求 E_γ 足够高, 而中子在靶核中的结合能足够低, 亦即大于中子结合能. 实际放射性物质的 $E_\gamma \leqslant 3\text{MeV}$, 而氘、铍等轻靶核的中子结合能最低, 例如 $B(\text{D}) = 2.225\text{MeV}$, $B(\text{Be}) = 1.666\text{MeV}$.

3. 自发裂变中子源

自发裂变中子源是指原子核在没有粒子轰击或不加入能量的情况下发生裂变并产生中子源. 目前常见的自发裂变中子源以 ^{252}Cf 为主, 其主要参数见附录 I.

1.3.2　加速器中子源

加速器中子源可分为两类: ①单能中子源, 强度 $10^7 \sim 10^{13}$n/s; ②白光中子源, 强度 $\geqslant 10^{15}$n/s. 两者的共同优点是强度高, 它们都能提供脉冲中子束, 方向性强, 大多情况下伴生γ射线本底低. 共同的缺点是设备昂贵复杂.

在加速器上改变被加速的带电粒子 p、d、α或 HI(重离子)的能量，利用不同核反应，可在不同中子出射方向获得单能中子. 常用的加速器有高压倍加器(现常称作中子发生器)、静电加速器(含串列式静电加速器)和回旋加速器.

中子发生器工作电压不高，为几百千伏，但粒子束流大，可达毫安量级. 如果使用大面积旋转氚靶，并改善靶的冷却，中子强度可达 4×10^7 n/s. 常用中子发生器加速 d 粒子，通过 D(d, n) 和 T(d, n) 反应分别提供 2.5MeV 和 14MeV 能区的中子，由于高压技术的进步，现已有小型密封中子管的商售产品，其大小仅为 ϕ10cm× 200cm，能将 12mA 的 d 束加速到 120keV，利用 T-Ti 靶可获得的中子强度为 $10^{10} \sim 10^{11}$ n/s. 这种中子管还可做成脉冲式，频率在 0.1~200Hz 范围内，脉宽在 $10^2 \sim 10^4 \mu$s 范围内. 但这种高产额小型中子管的使用寿命只有几百小时.

静电加速器加速的粒子能量大大高于前者，为几个兆电子伏，串列式静电加速器则可达几十兆电子伏，粒子能量分散小，约为 0.2%，束流稳定且连续可调. 加速的粒子的种类原则上没有限制，因而可在 1keV~20MeV 能区获得单能中子. 但束流较低，在 $10^0 \sim 10^1$Å 量级. 回旋加速器能量高，但调节不便，现多用来获取 20MeV 以上的准单能中子或是强流中子.

1.3.3　反应堆中子源

世界上有 600 多座反应堆，大多数为轻水堆、重水堆、固体物质堆(如铀氢锆堆)和脉冲堆. 反应堆中子源具有以下特点：中子注量率变化范围宽，从停堆到满功率运行，中子注量率变化 8~10 个量级；任意功率水平上的中子增殖或下降必须通过中子注量的连续监测反映出来；临界堆的正、负反应性在极短时间内造成功率的迅速上升或下降，因此要求中子监测仪器有快时间的响应.

1.3.4　散裂中子源

用几百兆电子伏至几吉电子伏能量的 p、d 等轻带电粒子轰击重核，由散裂反应放出中子. 例如，把 H 在预注入器中加速到 665keV，然后注入到直径 52m 的质子同步回旋加速器中，加速到 800MeV，用强度为 2.5×10^{15} p/s 质子束轰击钽或贫铀靶. 散裂中子源的优点是：①中子产额高，17n/p(在 Pb 靶上)，33n/p(在铀靶上)；②加速器比反应堆易控制；③可按要求调节质子束，脉冲工作时间在纳秒或微秒量级；④中子谱能区跨 16 个量级；⑤其γ射线本底比电子直线加速器中子源低；⑥通过质子极化可获得整个能区的极化中子. 因此，散裂中子源是新一代极具多学科性的且最有前途的中子源.

散裂中子源主要用于凝聚态物理研究中，此外，在 n-p 轫致辐射、中子寿命、中子电偶极矩测量、极化中子在 p 波共振中的宇称不守恒研究以及 $10^0\sim$ 10^3MeV 中子截面测量、长寿命核废料嬗变处理、核材料生产、洁净能源开发、同位素生产(包括氚生产)等领域都有重要用途.

1.4　常见中子探测方法及探测器

1.4.1　中子探测基本原理

用于中子探测的核作用基本上有两类: 一类是核散射, 另一类是核反应(包括核裂变反应). 按中子与原子核相互作用其探测原理主要有下述四种.

1. 核反应

中子与原子核发生反应后放出能量较高的带电粒子或γ射线, 可通过记录这些带电粒子或γ射线对中子进行探测. 常用的核素有: ^{3}He、^{6}Li、^{10}B、^{155}Gd 和 ^{157}Gd 等, 相应的核反应及其主要特点如下.

1) ^{3}He(n,p)^{3}H

反应 Q 值为 0.765MeV, 反应截面在热能处为 5400b. 在热能以上 $0.1\sim$ 2.0MeV 能区变化平滑. 另外,反应产物无激发态. 单能中子的响应函数在 $0.1\sim$ 1MeV 能区是线性分布, 因而可用此反应来测量这一能区的中子能谱.

2) ^{6}Li(n,t)^{4}He

反应 Q 值较大, 为 4.78MeV. 反应截面在热能处为 940b, 在 $0.001\sim0.1$MeV 能区遵循 $1/v$ 规律. 在 $E_n \approx 250$keV 处有一共振峰, 共振处的截面值为 3.3b. 该反应截面数据已被精确测量和评价.

3) ^{10}B (n,α)^{7}Li

反应 Q 值为 2.79MeV. 反应截面在热能处为 3840b, 热能以上至 1keV 按 $1/v$ 规律变化. 反应剩余核只有 7%处于基态, 其余 93%处于激发态. 激发态的寿命很短(约为 8×10^{-14}s), 通过放出 0.478MeV 的γ射线退激到基态.

4) ^{155,157}Gd(n,γ)^{156,158}Gd

^{155}Gd 和 ^{157}Gd 的热中子俘获截面很大, 分别为 6.1×10^4b 和 2.55×10^5b. Gd 对热中子俘获的 80%是由丰度为 15.65%的 ^{157}Gd 贡献的, 丰度为 14.8%的 ^{155}Gd 贡献 18%, 其余 Gd 同位素贡献 2%.

^{156}Gd*和 ^{158}Gd*主要通过放出级联γ射线和内转换电子衰变到基态. 通过测量它们放出的γ射线或内转换电子而探测中子.

2. 质子反冲

中子能量 E_n 小于 10MeV 时, 中子在氢核上的散射在质心系中是各向同性的, 反冲氢核(质子)的能谱是一个矩形, 矩形的边对应的最大质子能量等于入射中子能量; 高于 10MeV 时, 需要考虑非各向同性的影响. 当 E_n=14MeV 时, 非各向同性 $R = \dfrac{\sigma(180°)}{\sigma(90°)} = 1.093$. 随着中子能量的增高, 各向异性逐渐增大.

中子在氢核上散射的全截面和微分截面已被精确测量和计算, 通常被用来作为次级标准. 在 20MeV 以下, 全截面和弹性微分截面的不确定度分别达到 0.2%和 1%. 在 350MeV 以下, 也有不少的测量和计算结果.

3. 核活化[^{197}Au(n,γ)^{198}Au,^{27}Al(n,α)^{24}Mg 等]

有些核被中子辐照后变为放射性核, 放射性核衰变放出β和(或)γ射线. 只要选择半衰期适中的生成核, 就可通过测量生成核的β和(或)γ射线来探测中子.

4. 核裂变

中子与裂变物质作用会发生核裂变, 并放出大约 170MeV 的能量, 主要分配给两个裂变碎片. 裂变分无阈裂变和有阈裂变两种, 它们可分别用于热中子和快中子的探测. 用于热中子探测的裂变核素主要有 ^{233}U、^{235}U 和 ^{239}Pu, 用于快中子探测的裂变核素主要有 ^{232}Th、^{238}U 和 ^{237}Np.

1.4.2　中子探测器

1. 慢中子探测器

各种常见的慢中子探测器的基本特点列于表 1.4.1.

表 1.4.1　常见的慢中子探测器的基本特点

类型	中子探测器	探测原理	主要特点、用途
气体电离探测器	硼电离室	核反应法	耐高温、耐辐照; 堆芯中子探测
	$^{233}_{92}$U 电离室	核裂变法	输出脉冲幅度高、耐γ辐照特性高; 堆芯中子探测
	$^{235}_{92}$U 电离室		
	$^{239}_{94}$Pu 电离室		

续表

类型	中子探测器	探测原理	主要特点、用途
气体电离探测器	BF_3 正比计数管 ^3_2He 正比计数管 衬硼正比计数管	核反应法	对γ辐射甄别性能较好；主要用于慢中子探测，也可用于中子谱仪. 输出脉冲幅度高，对γ射线灵敏度极低
半导体探测器	$^{233}_{92}U$ 蒸馏半导体探测器	核裂变法	—
	^6_3LiF 夹心半导体探测器	核反应法	—
闪烁探测器	含 $^{10}_5B$ ZnS(Ag) 含 ^6_3Li ZnS(Ag) LiI(Eu)闪烁体 Li 玻璃闪烁体 载 $^{10}_5B$ 或（^6_3Li、Ga)液体闪烁体	核反应法	中子探测器效率高、脉冲衰减快；易用于高计数率场合，对高压电源稳定性要求高，耐γ辐射性能较差，应用较广
热释光探测器	^6_3LiF 热释光探测器	核反应法	体积小、无须电源、不能在线给出数据；主要用于中子剂量探测
径迹探测器	载 $^{10}_5B$ 核乳胶	核反应法	体积小、无须电源、数据可长期保持、不能在线给出结果；主要用于核物理研究工作中
自给能探测器	Rh 探测器 V 探测器 Co 探测器	核激活法	不需外加偏压、结构简单、体积小、全固体化、电子学设备简单；用于反应堆堆芯高中子注量率监测
中子激活指示器	$^{23}_{11}Na$ $^{55}_{25}Mn$ $^{59}_{27}Co$ $^{113}_{49}In$ $^{115}_{49}In$ $^{164}_{66}Dy$ $^{197}_{79}Au$	核激活法	不能在线实时提供中子信息、操作简单；主要用于高中子注量率并伴有强γ辐射的场合进行中子探测

2. 快中子探测器

各种常见的快中子探测器的基本特点列于表 1.4.2.

表 1.4.2　常见的快中子探测器的基本特点

类型	中子探测器	探测原理	主要特点、用途
气体电离探测器	含氢正比计数器	核反冲法	成本低；用于快中子谱仪
	$^{238}_{92}$U 裂变室	核裂变法	耐高温、耐强辐射；用于快中子阈探测器
	$^{232}_{90}$Th 裂变室		
半导体探测器	有机膜半导体探测器	核反冲法	—
	$^{238}_{92}$U 蒸膜半导体探测器	核裂变法	
	$^{232}_{90}$Th 蒸膜半导体探测器		
闪烁探测器	ZnS 快中子屏	核反冲法	脉冲衰减快；用于快中子实验
	塑料闪烁体		
	蒽		
	萘		
	液体闪烁体		
径迹探测器	核乳胶	核反冲法	直观显示径迹；主要用于高能物理实验
	塑料蚀刻探测器		
	威尔逊云室		
中子激活指示器	$^{24}_{12}$Mg (n, p)	核激活法	小巧、使用简便、可反复使用、不能在线实时给出结果；用于中子注量测量
	$^{27}_{13}$Al (n, p)		
	(n, α)		
	$^{31}_{15}$P (n, p)		
	$^{32}_{16}$S (n, p)		
	$^{54}_{26}$Fe (n, p)		
	$^{53}_{28}$Ni (n, p)		
	(n, 2n)		

续表

类型	中子探测器	探测原理	主要特点、用途
中子激活 指示器	${}^{63}_{29}\text{Cu}$ (n, 2n) ${}^{65}_{29}\text{Cu}$ (n, 2n) ${}^{107}_{47}\text{Ag}$ (n, 2n) ${}^{109}_{47}\text{Ag}$ (n, 2n) ${}^{103}_{45}\text{Rh}$ (n, n′) ${}^{115}_{49}\text{In}$ (n, n′)	核激活法	小巧、使用简便、可反复使用、不能在线实时给出结果; 用于中子注量测量

3. 特殊中子探测器

1) 长中子计数器

长中子计数器主要由 BF_3(或 ${}^3He$)正比计数管和中子慢化体组成,它具有简便、可靠、探测效率高,而且在 $10keV \sim 10MeV$ 能量区间探测效率随中子能量变化缓慢和对γ射线不灵敏等优点,在快中子和热中子的监测中被广泛采用.

2) 生物等效中子探测器

生物等效中子探测器是一种中子注量率探测器,常用 BF_3 正比计数管、${}^3He$ 正比计数管或载 ${}^{10}B$(或 ${}^6Li$)的 ZnS(Ag)闪烁体探测器.

生物等效中子探测器外部围有中子慢化体和中子平衡层,使其中子探测效率及能量响应与中子当量剂量响应一致. 中子平衡层材料常采用含 ${}^{10}B$ 材料或镉片. 表 1.4.3 列出了几种生物等效中子探测器的主要特征.

表 1.4.3 几种生物等效中子探测器的主要特征

型号	中子探测器	慢化体	能量响应	抗γ性能
美国技术联合公司 PUG-IN	载 ${}^{10}_{5}B$ ZnS(Ag) 闪烁体	${}^{10}_{5}B$ 防护层 +聚乙烯	热中子到 7MeV 左右	约 2.58×10^{-2} C/(kg·h)
美国技术联合公司 REM-PUG	BF_3 正比计 数管	聚乙烯	热中子到 7MeV 左右	—
英国 NE 公司 NM2	BF_3 正比计 数管	中子防护+ 聚乙烯	热中子到 10MeV 左右	约 5.2×10^{-5} C/(kg·h)
英国 ThornEMI 公司 MK7	球形 ${}^3_2He$ 正比计 数管	Cd 网+聚 乙烯	热中子到 7MeV 左右	约 10 mSv/h
中国北京综合仪器厂 FJ342G	载 ${}^6_3Li$ 的 ZnS(Ag) 闪烁体	Cd 网+聚 乙烯	热中子到 10MeV 左右	约 2.58×10^{-5} C/(kg·h)

3) n-γ甄别探测器

n-γ甄别探测器是一种具有增强抗γ辐照的中子探测器. ^{6}LiI(Eu)与^{6}Li 玻璃闪烁体是两种高效的慢中子探测器，但它们皆对γ辐射较灵敏. 为了用这两种闪烁体制成高灵敏度的慢中子探测器，使其同时具有较高的γ辐射甄别性能，成功研制了多柱状的^{6}LiI(Eu)与^{6}Li 玻璃闪烁探测器，其具有很高的中子探测器效率以及很好的 n-γ甄别性能.

4) γ辐射补偿中子探测器

γ辐射补偿中子探测器是一种配对使用以取得较好的中子、γ甄别效果的探测器. 通常，其中一个探测器对中子与γ辐射皆灵敏，而另外一个探测器仅对γ辐射灵敏. 假若这两个探测器的几何形状、尺寸与使用的几何条件皆相同，那么两路信号相减得到的信号将仅反映被探测的中子的束流强度. 这种探测器可在强γ辐射场进行弱中子探测，并且探测器对γ辐射的甄别，以及对中子的探测皆具有统计特性.

5) 超热中子探测器

超热中子探测器是一种对能量小于 0.4MeV 的中子不灵敏的慢中子探测器. 通常在慢中子探测器外裹上一层镉来制作这类探测器.

6) n-n 甄别探测器

n-n 甄别探测器是一种能对不同能量的中子进行甄别，并对某种(或数种)能量的中子进行选择探测的中子探测器.

7) 反应堆堆芯外中子探测器

反应堆堆芯外中子探测器是常规监测反应堆功率的中子探测器，其具有响应时间快、抗噪声干扰、γ甄别特性好、耐热特性好、耐γ辐照特性好等优点. 因此，反应堆堆芯外中子探测器实际上是中子探测器的组合，即在反应堆不同的功率区间，应用不同的中子探测器.

8) 特薄的热中子闪烁探测器

特薄的热中子闪烁探测器主要用于中子飞行时间谱仪中确定飞行终止时间.

第2章

中子探测实验

2.1 中子通量测量

2.1.1 中子相对通量测量

实验目的

(1) 理解 ^{3}He 正比计数器探测中子的原理;

(2) 利用 ^{3}He 正比计数器测量 Am-Be 中子源周围的中子通量分布.

实验原理

中子与原子核反应后放出能量较高的带电粒子或γ射线,可通过记录这些带电粒子或γ射线对中子进行探测. ^{3}He 正比计数器便是利用(2.1.1)反应

$$^3_2\text{He} + \text{n} \longrightarrow \text{T} + \text{p} \tag{2.1.1}$$

来探测中子,该反应 Q 值为 0.765MeV,反应截面在热能区为 5400b,在更高能量区间(0.1~2.0MeV)截面逐渐减小但变化平滑.

Am-Be 中子源中, $^{241}_{95}\text{Am}$ 的α放射性的衰变方式为

$$^{241}_{95}\text{Am} \longrightarrow ^{237}_{93}\text{Np} + \alpha + Q_\alpha \tag{2.1.2}$$

式中, Q_α 为α衰变能,该衰变半衰期为 433a. α粒子与 ^9_4Be 核发生核反应而放出中子, 反应式为

$$^9_4\text{Be} + \alpha \longrightarrow ^{12}_6\text{C} + \text{n} + Q_n \tag{2.1.3}$$

式中, n 为中子, Q_n 为反应能.

实验仪器

(1) ^{3}He 正比计数器，型号：1032，1 个，如图 2.1.1 所示；

(2) Am-Be 中子源(含屏蔽装置)，1 个，如图 2.1.2 所示；

(3) 高压电源及连线，型号：CAKE351，1 套.

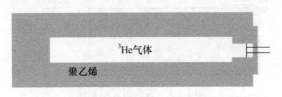

^{3}He气体

聚乙烯

图 2.1.1 含聚乙烯外壳的 ^{3}He 正比计数器

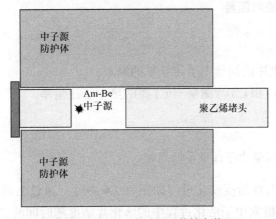

中子源
防护体

Am-Be
中子源

聚乙烯堵头

中子源
防护体

图 2.1.2 Am-Be 中子源及其储存装置

实验步骤

(1) 在中子源屏蔽装置出口处，沿中子出射方向直到距离出口位置 1m 处，如图 2.1.3 所示，每隔 10cm 标记位置，并编号 1～11.

(2) 利用 ^{3}He 正比计数器在以上标记位置依次进行测量，测量时间设置为每个位置测量 200s，测量 3 次.

(3) 将每个位置的测量值取平均值，并将结果作相对通量随距离变化的曲线.

思考题

(1) 相对通量随距离变化的曲线有何规律？

(2) 利用 ^{3}He 正比计数器的测量结果作为相对中子通量有何局限？

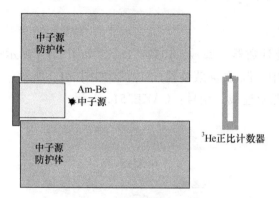

图 2.1.3 实验布置示意图

2.1.2 中子通量绝对测量

实验目的

(1) 掌握活化片法测量中子注量率的原理;

(2) 利用 In 片和 Cd 片测量 ^{252}Cf 源的热中子注量率.

实验原理

1. 活化片法测量中子注量率的原理

活化片的放射性活度变化过程如图 2.1.4 所示. 通过测量中子辐照后的活化箔的 γ 放射性,根据中子活化过程中的活化片活度随时间的变化,可以得到单核反应率实验值 r

$$r = \frac{N_\gamma \lambda A f_s}{MP\eta N_0 I_\gamma \varepsilon_\gamma \left(1 - e^{-\lambda t_0}\right) e^{-\lambda(t_1 - t_0)} \left(1 - e^{-\lambda(t_2 - t_1)}\right)} \tag{2.1.4}$$

式中, N_γ 为 γ 射线特征峰的净总计数; λ 为衰变常量(s^{-1}); A 为靶元素摩尔质量 (g / mol); P 为活化片中靶元素的纯度; η 为同位素的丰度; M 为活化片的质量 (g); N_0 为阿伏伽德罗常量; I_γ 为 γ 射线的分支比; ε_γ 为高纯锗(HPGe)探测器对 γ 射线特征峰的探测效率; f_s 为自吸收修正系数; t_0 为停止照射时刻(以照射开始作为零时刻计算)(s); t_1 为测量开始时刻(s); t_2 为测量结束时刻(s).

快中子的辐射俘获截面很小,对活化片活化的贡献很小. 本研究中可将中子能量区间分为热中子区与超热中子区. 在热中子与超热中子混合场中,单核反应率理论值可用下式给出:

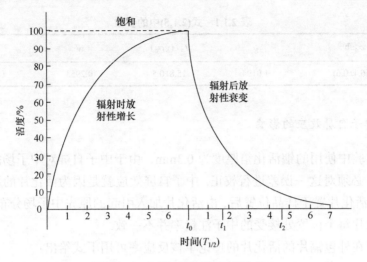

图 2.1.4　活化片放射性活度变化

$$R_s = \phi_0 g \sigma_0 + \phi_e g \sigma_0 \left[f_1 + w' / g + I_0 / (g \sigma_0) \right] \tag{2.1.5}$$

式中，ϕ_0 为热中子注量率，ϕ_e 为超热中子注量率，σ_0 为热中子俘获反应平均截面. 另外，g 为热中子能量区间偏离 $1/v$ 截面规律的校正因子，与中子温度 T 有关

$$g = \frac{1}{v_0 \sigma_0} \int_0^\infty \frac{4}{\pi^{1/2}} \left(\frac{v}{v_0} \right)^3 \left(\frac{T_0}{T} \right)^{3/2} \cdot \exp\left[-\left(\frac{v}{v_0} \right)^2 \left(\frac{T_0}{T} \right) \right] \sigma(v) \mathrm{d}v \tag{2.1.6}$$

共振积分截面 I_0

$$I_0 = \int_{E_{cd}}^\infty \sigma(E) \frac{\mathrm{d}E}{E} \tag{2.1.7}$$

f_1 是能量为 $5kT$ 到超热中子引起的活化的修正

$$f_1 = \int_{5kT}^{E_{cd}} \left(\frac{kT_0}{E} \right)^{1/2} \frac{\mathrm{d}E}{E} \tag{2.1.8}$$

w' 为能量范围从 $5kT$ 到中子服从 $1/v$ 规律的范围引起的活化的修正

$$w' = \frac{1}{\sigma_0} \int_{5kT}^{E_{cd}} \left[\sigma(E) - g \sigma_0 \left(\frac{kT}{E} \right)^{1/2} \right] \frac{\mathrm{d}E}{E} \tag{2.1.9}$$

对于 ^{115}In 的俘获反应的以上参数可见表 2.1.1.

表 2.1.1 式(2.1.5)中的参数

σ_0/b	g	$I_0/(g\sigma_0)$	w'	f_1
(166.4±0.6)	1.0194	15.8±0.5	0.2953	0.468

2. 中子自屏效应的影响

本实验中使用的铟活化箔厚度为 0.3mm,由于中子自屏对中子场的影响不可忽视,必须对这一误差进行校正. 中子自屏效应就是因为活化片的厚度不可忽略,将活化片置于样品位置后,由活化片加入引起的原先中子场分布的变化,导致活化片每个位置处接受的中子注量率并不一致.

对于在外包镉片的活化片的理论单核反应率可用下式给出:

$$R_{s,Cd} = \phi_e I_0 \tag{2.1.10}$$

由(2.1.5)和(2.1.10)式联立可消去一个未知参数——超热中子注量率 ϕ_e.

$$\phi_0 g\sigma_0 = R_s - R_{s,Cd}\left(1 + \frac{g\sigma_0}{I_0}f_1 + \frac{\sigma_0 w'}{I_0}\right) \tag{2.1.11}$$

从而可以根据(2.1.11)式,利用包镉片与未包镉片的活化片的反应率求解热中子注量率. 但此时并未考虑中子自屏效应的影响,由于本实验中采用的铟活化箔厚度为 0.3mm,厚度较大对中子场的影响不可忽视,因此在计算热中子注量率时引入热中子自屏因子 G_{th} 和超热中子自屏因子 G_{res} 来校正这一误差

$$\phi_0 g\sigma_0 = \frac{1}{G_{th}}\left[R_s - R_{s,Cd}\left(1 + \frac{g\sigma_0}{G_{res}I_0}f_1 + \frac{\sigma_0 w'}{G_{res}I_0}\right)\right] \tag{2.1.12}$$

热中子自屏因子 G_{th} 和超热中子自屏因子 G_{res} 与受照样品的材料、形状及几何尺寸有关. 对于在活化法中常用的材料,如金、铟等,特定箔状材料的自屏因子只与其厚度有关,同样可查得,0.3mm 厚的铟箔的热中子自屏因子 G_{th} 和超热中子自屏因子 G_{res} 分别为 0.744 和 0.128.

实验仪器

(1) 高纯锗探测器,GMX30P4-70,1 台;

(2) 多道分析器,型号:DSPEC50,1 台;

(3) 计算机，1 台；

(4) 低本底铅室，1 台；

(5) ^{252}Cf 中子源(含防护装置)，1 个；

(6) 铟片、镉片、铝片，各 1 片.

实验步骤

(1) 选择活化片：本实验中要测量热中子注量率与超热中子注量率，所以选择了活化片铟与镉(可屏蔽热中子). 制成规格为 2cm×2cm×0.03cm 的铟箔，称重后在其表面分别包 1mm 厚的铝片与镉片，分别编号 1、2.

(2) 活化片的活化：将两活化片并列固定后置于 ^{252}Cf 中子源屏蔽防护装置通道口外约 2cm 处的中央位置，并将源置于装置中心，开始活化.

(3) 活化片的冷却及测量：活化 3h 后，将活化片取下冷却，记录活化时长和冷却时长，然后先后将两活化片置于高纯锗探测器表面测量 40min. 并测量本底计数. 活化片放射性测量装置示意图如图 2.1.5 所示，低本底铅室及高纯锗探测器如图 2.1.6 所示.

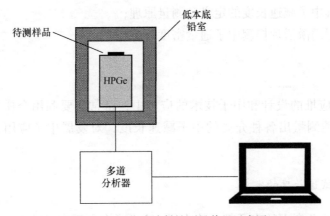

图 2.1.5　活化片放射性测量装置示意图

(4) 根据测量结果获得两组活化片的特征峰计数值，并计算各自单核反应率，代入式(2.1.12)可计算得测量位置的热中子注量率.

思考题

(1) 实验中，铝片的作用是什么？为何选取铝片？

(2) 如何计算分析所测得的热中子通量的误差？

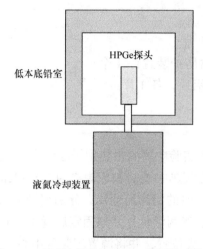

图 2.1.6　低本底铅室及 HPGe 探测器示意图

2.1.3　中子减速长度的测量

实验目的

(1) 了解中子减速长度的定义和测量原理;

(2) 掌握用激活片探测中子通量密度的方法.

实验原理

在核反应堆的设计和中子技术的应用中，常常需要利用介质的中子减速长度. 准确地测量出各种介质的中子减速长度，对发展中子应用技术有着重要意义.

1. 中子减速长度的定义

一般中子源产生的中子都是快中子，快中子在介质中运动时会与介质的原子核发生碰撞，每次碰撞的结果都使中子改变一次运动方向，并失去一部分能量. 因此，在介质内中子运动的路程是一条十分复杂的折线，如图 2.1.7 所示. 图中，O 为中子产生的位置(即中子源的位置)，P_1 为中子与核发生第一次碰撞的位置，P_2 为中子与核发生第二次碰撞的位置，P_n 为中子与核发生第 n 次碰撞的位置. 由图可知，中子经过 n 次碰撞后离开中子源的实际距离为 $\overline{OP_n}$，用 r 表示.

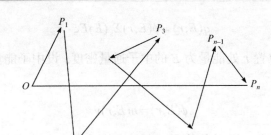

图 2.1.7　中子在介质中的路程

由于中子与核的碰撞服从统计学规律，r 值是不确定的，但是 $\overline{r^2}$ 只与介质的性质和中子能量的改变有关. 对于初始能量相同的中子，与介质原子核碰撞的次数越多，损失的能量也越多，$\overline{r^2}$ 的值也越大. 一般的同位素中子源产生的快中子与介质核的碰撞主要是弹性碰撞，根据弹性散射定律可以求得

$$\overline{r^2} = \frac{2\ln\dfrac{E_0}{E_n}}{\xi \Sigma_s \Sigma_{tr}} \tag{2.1.13}$$

式中，E_0 为中子源产生中子的能力，E_n 为经过 n 次碰撞后中子的能量，ξ 为中子平均对数能降，Σ_s 为介质的宏观散射截面，Σ_{tr} 为介质的宏观迁移截面.

中子减速长度的定义是

$$L_s = \sqrt{\frac{\overline{r^2}}{6}} \tag{2.1.14}$$

通常 Σ_s、Σ_{tr} 均为中子能量 E 的函数，由(2.1.13)和(2.1.14)式可得

$$L_s^2 = \int_{E_0}^{E_n} \frac{\mathrm{d}E}{3\xi \Sigma_s \Sigma_{tr} E} \tag{2.1.15}$$

由(2.1.15)式可知，中子减速长度 L_s 既与介质的性质有关，也与中子能量变化范围有关，它是介质对中子减速能力大小的参数.

2. 减速密度 $q(E,r)$

实验上 L_s 是通过测量中子减速密度 $q(E,r)$ 来确定的.

中子减速密度的定义为在介质中距离中子源 r 处的单位体积内在单位时间内减速到能量为 E 以下的中子数. 中子减速密度 $q(E,r)$ 的定义有

$$q(E,r) = \phi(E,r)\Sigma_s(E)E\xi \tag{2.1.16}$$

式中，$\phi(E,r)$ 为位置 r 处能量为 E 的中子通量密度. 设中子能量为 E 时中子的运动速度为 v，则

$$\phi(E,r) = n(E,r)v \tag{2.1.17}$$

式中，$n(E,r)$ 为位置 r 处单位体积内所具有能量为 E 的中子数. 对于一定的中子能量 E，(2.1.16)式中的 $\Sigma_s(E)$ 为确定值. 只要测得中子通量密度 $\phi(E,r)$，代入 (2.1.16)式可求得 $q(E,r)$.

在无限大弱吸收介质内

$$L_s^2 = \frac{1}{6}\frac{\int_0^\infty r^4 q(E,r)\mathrm{d}r}{\int_0^\infty r^2 q(E,r)\mathrm{d}r} \tag{2.1.18}$$

实验上先测得 $\phi(E,r)$，由(2.1.16)式求得 $q(E,r)$，再把 $q(E,r)$ 代入(2.1.18)式，就可求得 L_s^2.

3. 活化法测中子通量密度

本实验采用包镉的铟作为激活片. 铟的慢中子活化截面很大，且在 $E=1.46\mathrm{eV}$ 处有共振峰；镉的慢中子吸收中子截面也很大，但共振峰在 $0.4\mathrm{eV}$ 处.

对于包镉的铟片，它被慢中子活化的活性，主要来自于能量为 $0.5\sim2.0\mathrm{eV}$ 的中子. 考虑到截面与能量有关，被活化的铟片的饱和放射性强度 A 与中子通量密度 $\phi(E,r)$ 的关系为

$$A = V\int_{0.3}^{2.0}\Sigma_a\phi(E,r)\mathrm{d}E \tag{2.1.19}$$

式中 V 为铟片的体积，Σ_a 为铟的宏观吸收截面. 将(2.1.16)式中的 $\phi(E,r)$ 代入 (2.1.19)式得

$$A = V\int_{0.3}^{2.0}\frac{\Sigma_a q(E,r)\mathrm{d}E}{\Sigma_s(E)E\xi} \tag{2.1.20}$$

由于水是弱吸收介质，在铟的共振能区，可以近似认为 $q(E,r)$、ξ 和 Σ_s 不随中子能量变化，因而(2.1.20)式可变为

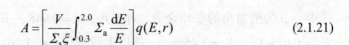

$$A = \left[\frac{V}{\Sigma_s \xi} \int_{0.3}^{2.0} \Sigma_a \frac{\mathrm{d}E}{E} \right] q(E, r) \tag{2.1.21}$$

(2.1.21)式表明,铟片被中子活化后所具有的放射性强度 A 与铟片所在位置的中子减速密度 $q(E,r)$ 成正比. 可以用 A 作为 $q(E,r)$ 的绝对值.

4. 水中的中子减速长度 L_s 的计算

将(2.1.21)式中的 $q(E,r)$ 代入(2.1.18)式得

$$L_s^2 = \frac{1}{6} \frac{\int_0^\infty r^4 A(r) \mathrm{d}r}{\int_0^\infty r^2 A(r) \mathrm{d}r} \tag{2.1.22}$$

式中, $A(r)$ 为 r 处铟片活化放射性的强度,由实验测定. 在离中子源较远处, $A(r)$ 很小,甚至接近本底. 这时可用下述经验公式:

$$A(r) = \frac{B}{r^2} \mathrm{e}^{-r/l} \tag{2.1.23}$$

式中, B 和 l 是常数,可由 $\ln r^2 A(r)$-r 实验曲线的直线段来确定. 因而,(2.1.22) 式可写成

$$L_s^2 = \frac{1}{6} \left[\frac{\int_0^{r_0} r^4 A(r) \mathrm{d}r + \int_{r_0}^\infty B r^2 \mathrm{e}^{-r/l} \mathrm{d}r}{\int_0^{r_0} r^2 A(r) \mathrm{d}r + \int_{r_0}^\infty B \mathrm{e}^{-r/l} \mathrm{d}r} \right] \tag{2.1.24}$$

式中, r_0 可选上述曲线中直线段的开始端的 r 值. 因此,分别用作图法和积分法,就可以计算得到中子减速长度 L_s 值.

5. 减速到热能的中子减速长度的计算

上述 L_s 为中子减速到铟共振能(1.46eV)的减速长度. 设 $L_{s,th}$ 为减速到热能 (0.025eV)的减速长度,则有

$$L_{s,th}^2 = L_s^2 + \Delta L_s^2 \tag{2.1.25}$$

$$\Delta L_s^2 = \frac{\ln \dfrac{E}{E_{th}}}{3\xi \Sigma_s^2 (1 - \bar{\mu})} \tag{2.1.26}$$

式中，$\bar{\mu}$ 为散射角的平均余弦. 对于水，$\xi = 0.948$，$\bar{\mu} = 0.324$，$E = 1.46\text{eV}$，$E_{\text{th}} = 0.025\text{eV}$，$\Sigma_{\text{s}} = 3.45\text{cm}^{-1}$. 把以上数据代入(2.1.26)式得

$$\Delta L_{\text{s}}^2 = 0.18\text{cm}^2 \tag{2.1.27}$$

从而可得减速到热能的中子减速长度

$$L_{\text{s,th}} = \sqrt{L_{\text{s}}^2 + 0.18} \tag{2.1.28}$$

实验仪器

实验测量装置如图 2.1.8 所示，被活化的铟片的活性测量装置如图 2.1.9 所示. 仪器及材料如下：

(1) Am-Be 中子源(圆柱状，1Ci(1Ci=3.7×10^{10}Bq))，1 个；

(2) 自动定标器，型号：FH-408，1 台；

(3) β探头及前置放大器，型号：FJ-365，1 个；

(4) 铟片(厚度小于 100mg/cm^2，面积为 3.0cm×3.0cm)，12 片；

(5) 镉袋(由 0.5mm 厚的镉片制成)，12 个；水箱(1m^3)，1 个.

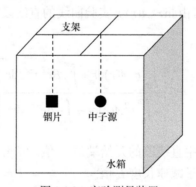

图 2.1.8   实验测量装置

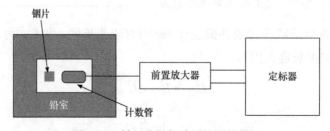

图 2.1.9   被活化的铟片活性测量装置

实验步骤

(1) 把中子源吊在装满水的水箱中心位置.

(2) 检验β放射性装置,使之正常工作.

(3) 测量每一片铟片的放射性本底.

(4) 把铟片装入镉袋,放入水箱内待测位置. 铟片面对中子源,并使铟片的中心与源的中心位于同一水平面内,然后记下铟片的位置 r 及放入时间.

(5) 照射时间达到 2h 后,取出铟片,"冷却" 3min,放入铅室,测量铟片的β放射性强度 $A(r)$. 铟片被活化后,同时进行β和γ衰变,因β射线的探测效率高,计数率大,统计误差小,所以本实验采用铟片的β计数率来作为它的活性 $A(r)$.

(6) 重复上述过程,测得不同位置 r 处的 $A(r)$. 注意每次测量的照射时间,β计数时间,铟片在铅室中的集合位置应保持相同.

(7) 作曲线 $\ln r^2 A(r)$-r,在现行段前端确定 r_0 值,根据(2.1.23)式及线性线段确定常数 B 和 l 的值.

(8) 根据(2.1.24)式求出 L_s^2.

(9) 根据(2.1.25)式求出 $L_{s,th}^2$.

思考题

(1) 本实验中测量结果的误差主要来自哪些方面? 如何修正?

(2) 能否利用热中子探测器直接测得 $L_{s,th}$?

2.1.4 热中子扩散长度的测量

实验目的

(1) 掌握测量电晕管的基本特性;

(2) 用负源法测量水的扩散长度.

实验原理

热中子扩散长度是宏观中子物理的基本参数,对反应堆设计和中子应用技术都有重要的意义.

热中子扩散长度 L 的定义为

$$L \equiv \sqrt{\frac{r_{th}^2}{6}} \tag{2.1.29}$$

式中，r_{th} 为热中子穿行距离. 理论计算时，可用中子宏观吸收截面 Σ_a 和迁移截面 Σ_{tr} 来求该介质的扩散长度，即

$$L^2 = \frac{1}{3\Sigma_a\Sigma_{\text{tr}}} \qquad (2.1.30)$$

如果在无限大介质内存在一个无限大平面的热中子源，那么在源平面以外的测量区域，定态扩散方程为

$$\frac{\mathrm{d}^2\phi(x)}{\mathrm{d}x^2} - \frac{1}{L^2}\phi(x) = 0 \qquad (2.1.31)$$

式中，$\phi(x)$ 为离平面源 x 处的热中子通量密度. 该式的解为

$$\phi(x) = Ce^{-x/L} \qquad (2.1.32)$$

式中，C 为常数，与源强及 Σ_a 有关，但与 x 无关. 对上式取对数后

$$\ln\phi(x) = \ln C - \frac{x}{L} \qquad (2.1.33)$$

因此测定 $\phi(x)$ 分布，就可以确定 L 值.

负源法是获得热中子平面源的简单方法. 测量介质的体积应该很大，将中子源放在介质内，用镉板将介质分成两个区，如图 2.1.10 所示. 用热中子探测器测量中子通量密度分布. 第一次不放镉板，测量 $\phi_1(x)$ 分布，它满足

$$D\frac{\mathrm{d}^2\phi_1(x)}{\mathrm{d}x^2} - \Sigma_a\phi_1(x) + S(x) = 0 \qquad (2.1.34)$$

第二次放进镉板，测量 $\phi_2(x)$ 分布，它满足

$$D\frac{\mathrm{d}^2\phi_2(x)}{\mathrm{d}x^2} - \Sigma_a\phi_2(x) + S(x) = 0 \qquad (2.1.35)$$

式中，$D = \dfrac{1}{3\Sigma_{\text{tr}}}$ 叫热中扩散系数. 由于镉的快中子吸收截面很小，所以热中子源分布 $S(x)$ 基本不变.

由(2.1.34)式减(2.1.35)式得

$$D\frac{\mathrm{d}^2}{\mathrm{d}x^2}[\phi_1(x) - \phi_2(x)] - \Sigma_a[\phi_1(x) - \phi_2(x)] = 0 \qquad (2.1.36)$$

图 2.1.10　负源法实验布置

令 $\phi(x) = \phi_1(x) - \phi_2(x)$ ，则得(2.1.31)式. 利用两次测量的通量密度差 $\phi(x)$ ，结合 (2.1.33)式可以确定 L 值.

由于测量介质是有限尺寸的，例如，测量区体积为 abc ，则由扩散理论可解出离平面源 $2L$ 外的通量密度分布

$$\phi(x) = Ce^{-rx} \qquad (2.1.37)$$

式中 r 由下式确定:

$$\frac{1}{L^2} = r^2 - \frac{\pi^2}{a^2} - \frac{\pi^2}{b^2} \qquad (2.1.38)$$

实验上是先测定 $\phi(x)$ ，由(2.1.37)式确定 r ，再由(2.1.38)式确定 L 值.

计数管不是点探测器，具有长度 l ，测量 x 处的 $\phi(x)$ 时，实际上是测量积分通量密度

$$\bar{\phi} = A\int_x^{x+1} \phi(x)\mathrm{d}x \qquad (2.1.39)$$

式中，A 为计数管的探测效率常数，$\bar{\phi}$ 是计数率. 根据(2.1.37)式，得

$$\bar{\phi} = Ac\int_x^{x+1} e^{-rx}\mathrm{d}x = \frac{AC}{r}(e^{-rl}-1)e^{-rx} = F\phi(x) \qquad (2.1.40)$$

式中，$F = \frac{A}{r}(e^{-rl}-1)$ ，它是由介质和计数管确定的一个常数，与 x 无关. 所以，相对测量时，用 $\bar{\phi}$ 代替 $\phi(x)$ 不影响 L 值的确定. 当然，探测器的体积应该尽可能小，否则会影响中子空间分布.

负源法的镉板会增加大量的次级γ射线. 为了消除次级γ射线对负源法的影

响，必须选用具有对γ不灵敏、输出信号幅度大、工作电压低和寿命长等特点(其基本性能见表 2.1.2)的电晕管探测器，这种电晕管探测器对本实验很有利. 由于中子信号幅度大，可用简单的幅度甄别法去掉γ射线和噪声；可不用前置放大器，所以可将探头做得很小. 又由于工作电压低、坪区长，所以对计数装置的要求也很低.

表 2.1.2   J701 型电晕管特性

起晕电压	600～800V
工作电压范围	800～3000V
坪长	>2000V
坪斜	$<10^{-4}V^{-1}$
信号幅度	>200mV
噪声幅度	～15mV
工作温度	−50～+100℃
最大容许γ本底	2000R/h
寿命	$>10^4$h

实验仪器

(1) 采用 Am-Be 中子源，强度为 1Ci(1Ci=3.7×10^{10}Bq)，中子产额为 2.2×10^6n/s，外形为圆柱体，直径为 16mm，高度为 19mm.

(2) 测量介质为水，水箱的长、宽和高均为 1m. 在长度 40cm 处，有插入镉板的定位装置. 中子源位于距离镉板 3cm 处，高度为水高的一半. 计数管对准中子源，探头浸在水中，移动探头，位置 x 由水面上的支架刻度来确定. 实验装置见图 2.1.11.

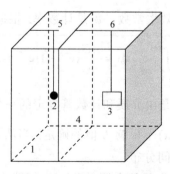

图 2.1.11   实验装置示意图

1. 水箱；2.中子源；3. 探测器；4. 镉板；5. 吊中子源的支架；6. 探测器滑动支架

(3) 热中子探测器采用 J701 型电晕管, 外形尺寸为直径 25mm, 长度 60mm.

(4) 阴极跟随器, 1 个;

(5) 低压电源, 1 台;

(6) 自动定标器, FH408 型, 1 台.

实验步骤

(1) 将中子源放在水箱内的工作位置, 并使仪器处在正常工作状态, 计数装置方框图见图 2.1.12.

图 2.1.12　计数装置

(2) 将电晕管探头挂在水箱内, 测试探头的性能: ①高压用 1kV, 改变定标器的甄别阈, 测量积分谱, 然后将甄别阈选在积分谱的平坦区; ②改变高压, 测量坪曲线, 再正式确定工作电压.

(3) 测量水箱内无镉板时的热中子通量密度分布 $\phi_1(x)$. x 从镉板位置算起, 测量从 $x = 5$cm 开始. 每次的测量时间保证电晕管约有 10^6 计数, 并用计数率表示 $\phi_1(x)$.

(4) 测量水箱中有镉板时的热中子通量密度分布 $\phi_2(x)$, 方法同上.

(5) 根据 $\phi(x) = \phi_1(x) - \phi_2(x)$, 算出各测量点的 $\phi(x)$ 值.

(6) 作 $\ln\phi(x)$-x 的关系图. 用回归分析法确定(2.1.37)式的对数形式 $\ln\phi(x) = \ln C - rx$, 从而确定 r 值, 并讨论线性及误差. 再用(2.1.38)式确定 L 值, 并讨论其误差.

思考题

(1) 采用负源法测扩散长度有何优点?

(2) 如果将本实验水箱作为无限大尺寸处理, 会引起多大的误差?

(3) 扩散长度与水的温度是否有关系? J. Csikai 等在 16.1℃水温时测量得 $L = (2.640 \pm 0.028)$cm, 与本实验测量结果作比较, 是否矛盾?

2.2　中子能谱测量

2.2.1　中子多球谱仪

实验目的

(1) 掌握 Bonner 多球中子谱仪测量中子能谱的原理；

(2) 利用 Bonner 多球中子谱仪测量 Am-Be 中子源的中子能谱.

实验原理

在中子探测中，除了中子通量测量外，还经常需要测量中子注量率随能量的分布，即中子能谱. 中子能谱测量是中子物理学中一项基础性研究，对核物理研究工作具有很大的意义. 例如，测量从核反应中产生的中子能谱可以得到核能级的资料，测量非弹性散射中子能谱，可以直接获得核激发能级数据. 此外测量裂变元素的裂变中子能谱，以及各种动力装置中的中子能谱，对于设计、试验反应堆和核武器都是必不可少的. 在中子的应用领域，如采用中子源进行辐照试验，需要知道中子源的中子能谱及试验装置内的中子能谱，为放射性同位素生产和硼中子俘获治疗等方面的相关研究提供便利.

20 世纪 60 年代，由 Bonner 等最先提出的多球中子谱仪，又称"Bonner球"，其由热中子灵敏探测器和一系列不同尺寸的慢化球壳组成. 由于不同尺寸的慢化球壳可对中子造成不同的慢化效果，即可使 Bonner 球对不同能量中子产生不同的响应，据此可通过解谱得到中子能谱. 在第 i 种厚度的聚乙烯球壳慢化下的热中子探测器的计数可由(2.2.1)式中的积分给出

$$N_i = \int_0^{E_{\max}} \Phi(E) R_i(E) \mathrm{d}E, \quad i = 1, 2, 3, \cdots, I \tag{2.2.1}$$

若将中子能量离散为 J 个能群，则上式可转化为累加和的形式

$$N_i = \sum_{j=1}^{J} \Phi_j R_{ij}, \quad i = 1, 2, 3, \cdots, I \tag{2.2.2}$$

式中，Φ_j 为第 j 个能群的中子注量率；R_{ij} 为第 i 种厚度的聚乙烯球壳慢化下的热中子探测器对第 j 个能群中子的响应函数，该响应函数可通过蒙特卡罗方法模拟得到. 图 2.2.1 给出了基于 SP9 型 ^{3}He 球形正比计数器的响应函数. 由图 2.2.1

可以看出，在不同厚度的聚乙烯球壳慢化下，^{3}He 正比计数器对不同能量的中子的响应有所差异.

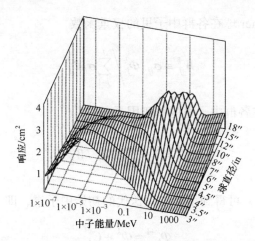

图 2.2.1　基于 SP9 型 ^{3}He 球形正比计数器的响应函数

通常，划分的中子能群数要大于不同厚度的球壳数，即在解谱过程中要求解的是一个病态方程组，具有无穷解. 在解谱过程中可将这一求解方程组问题转化为寻找最优近似解问题，如(2.2.3)式

$$\min f(\Phi_j) = \sum_{i=1}^{I} \left(N_i - \sum_{j=1}^{J} R_{ij} \Phi_j \right)^2 \tag{2.2.3}$$

通过测量不同厚度聚乙烯慢化下的热中子探测器的计数，结合响应函数以及模拟得到的初始谱，通过迭代法计算得到实验测量能谱.

迭代法原理如下.

由于 $\Phi(E)$ 和 $\sigma(E)$ 都是中子能量的函数，各种能量的中子在第 i 种厚度的球中产生的计数可由(2.2.1)和(2.2.2)式表示.

选取第 k 次迭代的参考中子能谱 S_j^k 作为第 k 次迭代的初始中子谱，它与实际中子谱的关系为

$$\Phi_j^k = K S_j^k \tag{2.2.4}$$

由此得到计数

$$R_i^k = R_i M_i^k \tag{2.2.5}$$

第 k 次迭代的计数与实际测量的计数之比为

$$M_i^k = \frac{R_i^k}{R_i} \tag{2.2.6}$$

定义：第 i 个 Bonner 球在各群中子里的权重函数

$$W_{ij}^k \equiv \sigma_{ij} \cdot \Phi_j^k \bigg/ \sum_{j=1}^{J} \sigma_{ij} \Phi_j^k \tag{2.2.7}$$

第 i 个 Bonner 球在各群中子里的修正因子

$$C_j^k = \sum_{j=1}^{J} W_{ij}^k \ln M_i^k / W_{ij}^k \tag{2.2.8}$$

当进行 k 次迭代后，可得到第 $k+1$ 次迭代的初始中子谱，即

$$\Phi_j^{k+1} = \Phi_j^k + C_j^k \tag{2.2.9}$$

当迭代控制标准差满足要求或达到最大迭代次数时

$$Q = \frac{1}{m-1} \sqrt{\sum_{i=1}^{m} [(R_i - R_i^k) R_i]^2} \leqslant 0.01 \tag{2.2.10}$$

m 为 Bonner 球的个数，这时，所选择的 Φ_j^k 就是满足要求的待求中子谱.

实验仪器

(1) SP9 型 ^{3}He 正比计数器，型号：1032，1 个；

(2) 不同尺寸的聚乙烯球壳，9 个；

(3) Am-Be 中子源(及防护装置)，1 个.

实验步骤

(1) 将 SP9 型 ^{3}He 正比计数器置于距离 Am-Be 中子源防护装置出口 40cm 处，测量 100s，记录探测器计数，测量 3 次.

(2) 依次将不同厚度聚乙烯球壳置于探测器外，重复步骤(1).

(3) 将每组测量数据取平均值，代入解谱算法，设置迭代次数分别为 100 次，200 次.

(4) 比较解谱结果与初始谱及 Am-Be 中子源参考能谱的差异.

(5) 比较解谱过程中不同迭代次数对解谱结果的影响.

思考题

(1) 如何提高测量结果的能量分辨率?
(2) 如何理解迭代次数对结果的影响?

2.2.2 活化片测量方法

实验目的

(1) 掌握多活化箔法测量中子能谱的原理;
(2) 利用多活化箔法测量 ^{252}Cf 源的中子能谱.

实验原理

活化法是通过精确测定一组不同阈值反应活化片的活化反应率,根据反应率积分方程组,处理得到近似的微分中子能量谱,因此活化法也叫做阈探测器法. 对于反应堆能谱的测量,活化法用得非常广泛,因为它测量的能区宽广,特别适合狭窄地点的测量,并且对γ射线不灵敏,可以在γ本底很强的场合应用,而且测量设备和技术相对比较简单. 但是阈值在 $10\sim600\mathrm{keV}$ 的活化箔很少,而且这种方法受活化反应截面随中子能量关系曲线的精确度和解谱算法局限性的影响,使得这种方法的精确度不高.

1. 活化片测量中子注量率原理

活化法测量中子能谱是指将一组活化反应阈值不同并且反应截面已知的若干活化片置于待测中子场中进行辐照,箔片中子活化反应的活化率,即理论单核反应率 R_i

$$R_i = \int_0^\infty \sigma_i(E)\Phi(E)\mathrm{d}E, \quad i=1,2,3,\cdots,I \tag{2.2.11}$$

式中,I 为实验中活化片的种数;R_i 为第 i 种活化片的单核反应率(s^{-1});$\sigma_i(E)$ 为第 i 种活化片在中子能量为 E 时的活化截面(cm^2);$\Phi(E)$ 为中子在能量为 E 的单位能量间隔内的中子注量率($\mathrm{n}/(\mathrm{eV}\cdot\mathrm{cm}^2\cdot\mathrm{s})$).

若将中子能量分成 J_n 群,用累加和代替(2.2.11)式中的积分,则有

$$R_i = \sum_{j=1}^{J_n} \phi_j \sigma_{i,j} \Delta E_j \tag{2.2.12}$$

式中，E_j 表示第 j 群能量间隔的下限能量；ϕ_j 表示在第 j 群中子能量间隔内的平均中子注量率；$\sigma_{i,j}$ 为第 i 种活化片在第 j 群中子能量间隔内的平均活化截面. 活化片活化并冷却后，对辐照后的活化片进行γ放射性测量，通过已知的活化片放射性变化曲线，可以求得单核反应率实验值. 再通过选择各个不同反应阈的活化片，便能给出各个活化片反应阈内的单核反应率，从而求得各个反应阈能量区间的中子注量率，然后通过迭代法解谱得到所测量位置处的中子能谱，这就是活化法测量中子注量率的原理.

通过测量中子辐照后的活化箔的γ放射性，根据中子活化过程中的活化片活度随时间的变化，可以得到单核反应率实验值 r

$$r = \frac{N_\gamma \lambda A f_s}{MP\eta N_0 I_\gamma \varepsilon_\gamma \left(1 - \mathrm{e}^{-\lambda t_0}\right) \mathrm{e}^{-\lambda(t_1 - t_0)} \left(1 - \mathrm{e}^{-\lambda(t_2 - t_1)}\right)} \tag{2.2.13}$$

式中，N_γ 为γ射线特征峰的净总计数；λ 为衰变常量(s^{-1})；A 为靶元素摩尔质量 $(\mathrm{g/mol})$；P 为活化片中靶元素的纯度；η 为同位素的丰度；M 为活化片的质量(g)；N_0 为阿伏伽德罗常量；I_γ 为γ射线的分支比；ε_γ 为高纯锗探测器对γ射线特征峰的探测效率；f_s 为自吸收修正系数；t_0 为停止照射时刻(以照射开始作为零时刻计算)(s)；t_1 为测量开始时刻(s)；t_2 为测量结束时刻(s).

2. 迭代法求解中子能谱原理

迭代法作为求解非线性方程一定精度近似根的常用的数值方法，其数学基本思想是，通过构造一个递推关系式，计算出一个根的近似序列，并希望该序列能收敛于该非线性方程的根. 从迭代是否收敛来检验迭代格式是否有意义，对于一个收敛的迭代格式，其使用价值将依赖于迭代过程的收敛速度和计算效率.

将迭代法用于求解中子能谱，其基本思想是根据待测中子场的假设，选出初始近似谱 Φ_0，通过式(2.2.12)计算出样品 i 的活性值 R_i^0，并与测量得到的样品 i 的活性值 A_i 进行比较，用二者之差对输入谱进行修正，得到经过第 1 次修正后的新的近似谱 Φ_1，再用得到的近似谱 Φ_1 来计算样品 i 的活性值 R_i^1，再将计算得到的活性值与测量得到的样品 i 的活性值 A_i 进行比较，用二者之差对 Φ_1 进行修正，第 2 次修正后的近似谱记为 Φ_2，重复上述过程，直到相距两次迭代的微分谱之差小于某一个预先给的值或满足其他收敛标准(迭代次数等)为止. 如果迭代 $K+1$ 次达到收敛标准，则 Φ_{K+1} 为所求的解.

常用的解谱程序有 SAND-Ⅱ，MIST 等. SAND-Ⅱ程序解谱原理如下.

由于$\Phi(E)$和$\sigma(E)$都是中子能量的函数，各种能量的中子在第 i 个活化箔中产生的活度应为

$$R_i = \int_0^\infty r_i = N_{i0} \int_0^\infty \Phi(E)\sigma(E)\mathrm{d}E = \frac{n_i(t_2 - t_1)\lambda_i}{\varepsilon_i \beta_i \mathrm{e}^{-\lambda_i(t_1 - t_0)}[1 - \mathrm{e}^{-\lambda_i(t_2 - t_1)}][1 - \mathrm{e}^{-\lambda t_0}]} \tag{2.2.14}$$

若把中子谱分成 J 群，能量间隔为 ΔE_j，则有

$$R_i = N_{i0} \sum_{j=1}^{J} \Phi_j \cdot \sigma_{ij} \cdot \Delta E_j \tag{2.2.15}$$

这里，Φ_j 和 σ_{ij} 分别表示第 j 群中子的平均注量和活化截面.

选取第 k 次迭代的参考中子能谱 S_j^k 作为第 k 次迭代的初始中子谱，它与实际中子谱的关系为

$$\Phi_j^k = K S_j^k \tag{2.2.16}$$

由此得到活性

$$R_i^k = R_i M_i^k \tag{2.2.17}$$

第 k 次迭代的活性与实际测量的活性之比为

$$M_i^k = \frac{R_i^k}{R_i} \tag{2.2.18}$$

定义第 i 个活化箔在各群中子里的权重函数

$$W_{ij}^k \equiv \sigma_{ij} \cdot \Phi_j^k \Big/ \sum_{j=1}^{J} \sigma_{ij} \Phi_j^k \tag{2.2.19}$$

第 i 个活化箔在各群中子里的修正因子

$$C_j^k = \sum_{j=1}^{J} W_{ij}^k \ln M_i^k \big/ W_{ij}^k \tag{2.2.20}$$

当进行 k 次迭代后，可得到第 $k+1$ 次迭代的初始中子谱，即

$$\Phi_j^{k+1} = \Phi_j^k + C_j^k \tag{2.2.21}$$

当迭代控制标准差满足要求

$$Q = \frac{1}{m-1}\sqrt{\sum_{i=1}^{m}[(R_i - R_i^{\ k})R_i]^2} \leqslant 0.01 \tag{2.2.22}$$

m 为一组阈探测器个数，这时，所选择的 Φ_j^k 就是满足要求的待求中子谱.

实验仪器

(1) 高纯锗探测器，GMX30P4-70，1 台；

(2) 多道分析器，型号：DSPEC50，1 台；

(3) 计算机，1 台；

(4) 低本底铅室，1 台；

(5) ^{252}Cf 中子源(含防护装置)，1 个；

(6) 各活化箔，铟箔、金箔、铁箔、钛箔、铜箔，若干片.

实验步骤

(1) 选择活化片：包括铟箔、金箔、铁箔、钛箔、铜箔，制成规格为 2cm×2cm 的箔片，称重后编号. 各活化片与中子的反应由表 2.2.1 给出.

表 2.2.1　各活化片与中子反应的信息

核素	核反应	反应阈值/MeV	半衰期/s	γ能量/MeV	分支比
^{115}In	$^{115}_{49}$In(n,γ)$^{116m}_{49}$In	0	3265	1.294	0.844
^{197}Au	$^{197}_{79}$Au(n,γ)$^{198}_{79}$Au	0	232865	0.412	0.956
^{56}Fe	$^{56}_{26}$Fe(n,p)$^{56}_{25}$Mn	6	9283	0.847	0.989
^{48}Ti	$^{48}_{22}$Ti(n,p)$^{48}_{21}$Sc	7.6	157212	0.984	1
^{63}Cu	$^{63}_{29}$Cu(n,γ)$^{64}_{29}$Cu	10.2	45720	1.346	0.490

(2) 活化片的活化：将活化片并列固定后置于 ^{252}Cf 中子源屏蔽防护装置通道口外约 2cm 处中央，开始活化.

(3) 活化片的冷却及测量：根据每种活化片放射性产物的半衰期，确定每种活化片的活化时间及测量时间，依次将各活化片取下冷却，记录活化时长和冷却时长，然后置于高纯锗探测器表面测量并测量本底计数.

(4) 根据测量结果获得各活化片的特征峰计数值，根据式(2.2.13)计算各活化片的实验单核反应率.

(5) 利用 MCNP 模拟得到测量位置的模拟能谱，并将其作为解谱程序的初始谱.

(6) 将计算结果和初始能谱代入解谱程序，迭代计算得到实验测量能谱.

思考题

(1) 活化片的选择应参考哪些要求？

(2) 活化时间和测量时间是如何确定的？

第3章

中子场剂量测量和屏蔽防护

3.1 中子场剂量测量

3.1.1 热释光剂量计

实验目的

(1) 了解热释光剂量仪的工作原理，并掌握热释光剂量仪的正确使用方法；

(2) 了解辐射距离和屏蔽材料对测定γ射线照射量的影响，并掌握外照射防护的基本原则.

实验原理

热释光剂量计是利用热致发光原理记录累积辐射剂量的一种器件，广泛应用于剂量学的各个领域，多用于检测个人剂量，还可以用来检测环境中γ剂量水平. 热释光剂量法(即 TLD)与通常采用的电离室或胶片等方法相比，其主要优点是：组织等效好，灵敏度高，线性范围宽，能量响应好，可测较长时间内的累积剂量，性能稳定，使用方便，并可对α、β、γ、n、p、π等各种射线及粒子进行测量. 因此，热释光剂量法在辐射防护测量，特别是个人剂量监测中有着广泛的应用. 热释光剂量仪方框原理图如图 3.1.1 所示.

经辐照后的待测元件由仪器内的电热片或热气等加热，待测元件加热后所发出的光，经过光路系统滤光、反射、聚焦后，通过光电倍增管转换成电信号. 输出显示可用率表指示出发光峰的高度(峰高法)或以数字显示出电荷积分值(光和法)，最后再换算出待测元件所受到的照射量.

1. 热释光

物质受到电离辐射等作用后，将辐射能量储存于陷阱中. 当加热时，陷阱

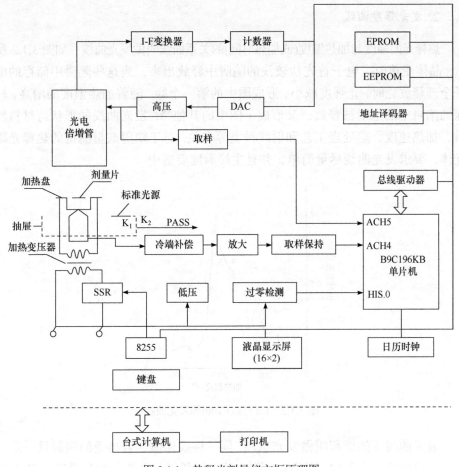

图 3.1.1 热释光剂量仪方框原理图

中的能量便以光的形式释放出来，这种现象称为热释发光. 具有热释发光特性的物质称为热释光磷光体(简称磷光体)，如锰激活的硫酸钙[CaSO$_4$(Mn)]、镁钛激活的氟化锂[LiF(Mg、Ti)]、氧化铍[BeO]等.

磷光体的发光机制可以用固体的能带理论解释. 假设磷光体内只存在一种陷阱，并且忽略电子的多次俘获，则热释光的强度 I 为

$$I = nS \exp\left(-\frac{\varepsilon}{kT}\right) \tag{3.1.1}$$

这里，S 为一常数，k 是玻尔兹曼常量，T 是加热温度(K)，n 是在所考虑时刻陷阱能级 ε 上的电子数. 强度 I 与磷光体所吸收的辐射能量成正比，因此通常用光电倍增管测量热释光的强度，这样就可以探测辐射及确定辐射剂量.

2. 发光强度曲线

热释光的强度与加热温度(或加热时间)的关系曲线叫做发光曲线，如图 3.1.2 所示. 晶体受热时，电子首先从较浅的陷阱中释放出来，当这些陷阱中储存的电子全部释放完时，光强度减小，形成图中的第一个峰. 随着加热温度的增高，较深的陷阱中的电子被释放，又形成了图中的其他峰. 发光曲线的形状与材料性质、加热速度、热处理工艺和射线种类等有关. 对于辐射剂量测量的热释光磷光体，要求发光曲线尽量简单，并且主峰温度要适中.

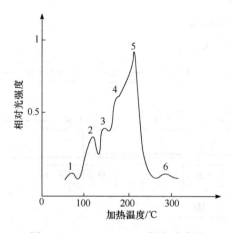

图 3.1.2   LiF(TLD-100)的发光曲线

发光曲线下的面积叫做发光总额. 同一种磷光体，若接受的照射量一定，则发光总额是一个常数. 因此，原则上可以用任何一个峰的积分强度确定剂量. 但是低温峰一般不稳定，有严重的衰退现象，必须在预热阶段予以消除. 很高温度下的峰是红外辐射的贡献，不适宜用作剂量测量. 对 LiF 元件通常测量的是 210℃下的第五个峰. 另外，剂量也可以与峰的高度相联系，所以测量发光强度一般有两种方法.

(1) 峰高法——测量发光曲线中峰的高度. 这一方法具有测速快、衰退影响小、本底荧光和热辐射本底干扰小等优点. 它的主要缺点是，因为峰的高度是加热速度的函数，所以加热速度和加热过程的重复性对测量带来的影响比较大.

(2) 光和法——测量发光曲线下的面积，亦称面积法. 这一方法受升温速度和加热过程重复性的影响小，可以采用较高的升温速度，并可采用测量发光曲线中一部分面积的方法(窗户测量法)消除低温峰及噪声本底的影响. 它的主要缺点是受"假荧光"热释光本底及残余剂量的干扰较大，所以在测量中必须选择合适的"测量"阶段和"退火"阶段的温度. 合理地选择各阶段持续时间, 以保证磷光体各个部分的温度达到平衡, 以利于充分释放储存的辐射能量.

3. 热释光探测器的剂量学特性

灵敏度: 指单位照射量的热释光响应. 它与元件热释光材料的性质和含量、激活剂种类、射线能量和入射方向、热处理条件等有关, 一般原子序数较高的元件, 灵敏度提高.

照射量响应: 在照射量 $10^{-3} \sim 10^{3}$R(1R=2.58×10^{-4}C/kg)范围内, 许多磷光体对辐射的响应是线性的. 当照射量更大时, 常出现非线性现象.

能量响应: 热释光灵敏度与辐照能量的依赖关系. 它与元件材料的原子序数、颗粒度、射线种类有关. 一般原子序数高的元件比原子序数低的元件能量响应差, 因此使用时需要外加过滤器进行能量补偿. LiF 元件在能量大于 30keV 情况下, 在 25%的精度内对能量依赖性很小.

衰退: 指受过辐照的磷光体, 热释光会自行减弱. 衰退的快慢与磷光体种类、环境温度、光照等因素有关. 如果测量 LiF 的主峰, 在室温下可以保存几十天.

光效应: 指磷光体的热释光在可见光、紫外光的作用下可产生衰退和假剂量两种效应. 它的强弱与磷光体的种类、辐照历史等有关, 如 LiF 的光效应小, 而 $MgSiO_4(Tb)$的光效应比较大, 所以在使用中应注意光屏蔽.

重复性: 热释光元件可以重复使用, 但发光曲线形状、灵敏度等在测量加热过程或长期存放中会发生改变, 因此在重复使用时, 一般需进行退火即再生, 退火条件必须认真选择, 并定期进行刻度.

分散性: 指同一批探测器在相同退火、照射和测量条件下, 热释光灵敏度的相对偏差(以百分数来表示). 实际上, 它除了与探测器灵敏度的分散性和重复性有关外, 还与测量系统的涨落和操作的不重复性有关. 因此, 使用前应进行探测器分散性的筛选, 分组作出修正系数. 在测量过程中还应尽量保证测量系统的稳定性和操作技术的重复性.

本底: 通常将未经人为辐照的元件的测量值统称为本底(或"假荧光"). 它包括元件表面与空气中水汽或有机杂质接触产生的化学热释光和摩擦产生的摩擦热释光. 它与材料的种类和使用条件有关, 因此, 必须注意保持元件和加热盘的清洁. 在低剂量测量时更要设法予以减少或扣除.

方向性: 探测器灵敏度与辐射入射方向的依赖关系. 它与射线的能量和探测器的形状有关.

4. 照射量率的计算与屏蔽体厚度的选择

当空气和周围物体对γ射线的吸收、散射可以忽略时,对于一个活度为 A 居里的各向同性的γ放射性点源,在距离 r 米处的照射量率为

$$\dot{X}(伦琴 / 小时) = \frac{A\Gamma}{r^2} \tag{3.1.2}$$

其中, Γ 表示 1Ci 的各向同性γ放射性点源,在距离 1m 处所产生的照射量率,称为γ照射率常数. 它的单位是伦琴·米^2/(居里·小时).

当γ放射性用毫克镭当量表示时,有

$$\dot{X}(伦琴 / 小时) = \frac{8.4M}{r^2} \tag{3.1.3}$$

其中, M 为毫克镭当量数,常数 8.4 是由毫克镭当量的定义而引入的.

照射量率正比于γ放射源的活度,因此可采用以下关系计算屏蔽体的厚度:

$$I = I_0 e^{-\mu x} \tag{3.1.4}$$

$$I = I_0 e^{-\mu_{en} x} \tag{3.1.5}$$

$$I = I_0 b e^{-\mu x} \tag{3.1.6}$$

式中, x 为屏蔽体的厚度(cm); μ 为总的线性衰减系数(cm^{-1}); μ_{en} 为一定物质的质量吸收系数与该物质密度的乘积(cm^{-1}); b 为累积因子,它反映了散射对吸收规律的影响,其定义为:真实的γ通量与对应于窄束系数计算得到的γ通量之比,即 $b = I / (I_0 e^{-\mu x})$.

实验仪器

(1) 热释光剂量仪,FJ-427,1 台;

(2) 热释光元件,JR1152C,40~50 个;

(3) 计算机,1 台;

(4) 退火炉,FJ411A,1 台;

(5) ^{60}Co 伽马源,1 个.

实验步骤

(1) 测量发光曲线,确定加热程序.

(a) 调节热释光剂量仪，使其处于不分阶段线性升温状态. 将被 ^{60}Co 伽马源辐照过的 JR1152C 型元件放入加热盘中，并注意保持两者之间的良好接触；

(b) 选择合适的率表量程；

(c) 测量 JR1152C 型元件的发光曲线，标出各峰对应的温度；

(d) 选择预热、测量、退火三阶段的温度和时间以及升温周期.

(2) 校准热释光剂量仪.

(a) 按照已确定的加热程序，调整好仪器的工作条件.

(b) 用 1R LiF 标准元件调整高压，使读数平均值在 1R 左右.

(c) 用 10mR LiF 标准元件调整 "零点" 电位器(或 "本底" 拨码开光)，使读数平均值在 10mR 左右，不得有明显的系统误差. 也可以调整 "零点" 电位器，使空盘加热时仪器读数在 0～1.

(d) 记录此时标准光源读数及 "零点" 电位器位置. 以后每次测量应检查标准光源读数及零点，如果明显偏离，应再行调整.

校准时采用的元件材料、尺寸、形状、射线的种类和能量以及仪器的加热程序，必须与正式使用时相同.

(3) 测量.

(a) 测量 JR1152C 型元件的本底，算出平均值.

(b) 测量不同距离的照射量，算出不同距离的平均照射量率并进行比较，找出照射量率与距离的关系. 将照射量率的实验值与理论计算结果相比较，分析产生误差的主要原因，并说明所得照射率与距离的使用条件.

(c) 屏蔽体厚度的选择，按照照射量率减弱倍数的要求和实验条件，选择合适的公式，计算所需要的铅屏蔽体的厚度. 根据计算结果，将一定厚度的铅板加入测量架内，用 ^{60}Co 源照射屏蔽后的 JR1152C 型元件.

(d) 每次测量完毕，立即用退火炉对元件退火以备下次实验使用.

思考题

(1) 试述使用热释光剂量仪时，确定加热程序的原则. 如果加热温度过高，将会对测量结果带来什么影响？

(2) 在剂量测量中应如何选择热释光探测器？

(3) 某工作人员在离 379mCi 的 ^{60}Co 伽马源 1m 处工作，假如容许他接受 0.5mSv 的剂量当量，试计算他在该处最多工作多长时间. 假如此次实验必须在 1h 内完成，应采取什么措施？(1Sv=100rem)

3.1.2 中子剂量仪

实验目的

(1) 了解 Am-Be 中子源辐射的中子和γ射线剂量的空间分布情况；

(2) 掌握测量中子和γ射线剂量的方法.

实验原理

中子测井和中子测水分等中子应用技术方面，已广泛采用 Am-Be 中子源. 迅速而准确地测定中子源的辐射剂量分布，对推广中子应用技术具有实际意义.

1. 中子源的强度和产额

$^{241}_{95}\mathrm{Am}$ 的α放射性的衰变方式为

$$^{241}_{95}\mathrm{Am} \longrightarrow {}^{237}_{93}\mathrm{Np} + \alpha + Q_\alpha \tag{3.1.7}$$

式中，Q_α 为α衰变能. 该衰变半衰期为 433a. α粒子与 $^9_4\mathrm{Be}$ 核发生核反应而放出中子，反应式为

$$^9_4\mathrm{Be} + \alpha \longrightarrow {}^{12}_6\mathrm{C} + \mathrm{n} + Q_\mathrm{n} \tag{3.1.8}$$

式中，n 为中子，Q_n 为反应能.

可见，Am-Be 中子源在单位时间内发射的中子数，既与 $^{214}_{95}\mathrm{Am}$ 的α放射性强度成正比，也与中子源内 $^9_4\mathrm{Be}$ 核密度成正比，而且还与中子源的制造工艺有关. 通常用 $^{214}_{95}\mathrm{Am}$ 的α放射性强度来表示中子源的活度. 强度为 1Ci 的中子源在单位时间内发射的中子数叫做中子产额. 国产 Am-Be 中子源的中子产额为

$$Y = (2.2 \sim 2.6) \times 10^6 (\mathrm{n/s}) \cdot \mathrm{Ci} \tag{3.1.9}$$

2. Am-Be 中子源的中子能谱和γ能谱

由(3.1.7)和(3.1.8)式可知，中子源发射的中子能量，既与反应能 Q_n 有关，也与衰变能 Q_α 有关. 而 Q_n 和 Q_α 有多个能量值，所以中子的能量也不是单值的. 另外，除(3.1.8)式外，还有其他产生中子的方式，且中子与其他原子核发生散射作用，也会损失部分能量. 所以 Am-Be 中子源的中子能谱是一条复杂的连续谱.

$^{241}_{95}\mathrm{Am}$ 在α衰变时，除发射α粒子外，还发射一系列能量不同的γ射线，其中强度最大的γ射线的能力为 0.06MeV. 另外，在(3.1.8)式所示的核反应中，生成

物 $^{12}_{6}$C 有 80% 处于激发态, 激发态的能级为 4.43MeV. 处于激发态的 $^{12}_{6}$C 退激时, 能放出能量为 4.43MeV 的 γ 射线, 所以 Am-Be 中子源发出的 γ 射线也不可能是单能的. 实际上, γ 射线的能谱也是一条复杂的连续谱.

　　图 3.1.3 是 Am-Be 中子源发射的中子的相对强度与中子能量的关系. 由图可见, 大多数中子能量为 2～6MeV, 中子的平均能量约为 4.5MeV. 图 3.1.4 是 Am-Be 中子源的 γ 辐射能谱, 低能 γ 射线强度较大. γ 射线的最大能量为 4.5MeV 左右.

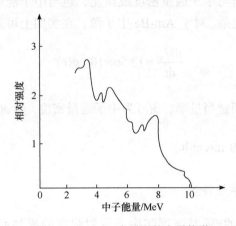

图 3.1.3　Am-Be 中子源的中子能谱

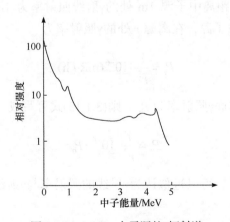

图 3.1.4　Am-Be 中子源的 γ 辐射谱

3. 中子通量密度与计量

　　在本实验条件下, 可以认为中子源是各向同性的点源. 设 $\phi(r)$ 为距离中子源 r 处的中子通量密度, 则有

$$\phi(r) = \frac{Y}{4\pi r^2} \tag{3.1.10}$$

式中，Y 为中子源的中子产额. 若测量场中具有本底中子通量密度 ϕ_b，而且 ϕ_b 与 r 无关，则(3.1.10)式可写成

$$\phi(r) = \frac{Y}{4\pi r^2} + \phi_b \tag{3.1.11}$$

中子的辐射剂量与中子通量密度成正比，也与中子能量有关. 严格计算中子的辐射剂量十分复杂. 对于 Am-Be 中子源，在实用上可采用下述近似公式：

$$\frac{\mathrm{d}H_n}{\mathrm{d}t} = 12.56 \times 10^{-6} \phi(r) \tag{3.1.12}$$

式中，$\dfrac{\mathrm{d}H_n}{\mathrm{d}t}$ 为中子剂量当量率，$\phi(r)$ 为中子通量密度. 当 $\phi(r)$ 以 n / (s·m^2) 为单位时，$\dfrac{\mathrm{d}H_n}{\mathrm{d}t}$ 的单位为 mrem/h.

4. γ射线的照射率与剂量

Am-Be 中子源的γ辐射强度随中子发射强度的增加而增加. 中子产额为 10^6n/s 的中子源，在距离中子源 1m 处的γ射线照射率为 1mR/h. 由此可得，对于中子产额为 Y 的中子源，在离源 r 处的γ照射率为

$$P_\gamma = \frac{Y}{r^2} \cdot 10^{-6} (\mathrm{mR / h}) \tag{3.1.13}$$

若在测量场中具有本底γ照射率为 P_b，则(3.1.13)式可写成

$$P_\gamma = \frac{Y}{r^2} \cdot 10^{-6} + P_b \tag{3.1.14}$$

在本实验条件下，可以近似认为γ射线的照射率与γ射线的剂量当量率在数值上相等.

5. 最大容许剂量

Am-Be 中子源是封闭放射源，只需考虑外照射产生的剂量. 根据我国放射性防护规定，对于职业放射性工作人，每年接受的剂量当量不得超过 5rem，即最大容许剂量当量率为 2.5mrem/h. 在纯中子场中，由(3.1.12)式可以求得最大

容许的中子通量密度 $\phi_{\max} = 19.9 \times 10^4 \, \text{n}/(\text{s} \cdot \text{m}^2)$. 由于 Am-Be 中子源同时有中子和 γ 两种辐射，在它的剂量场中总的剂量率为

$$\frac{\mathrm{d}H}{\mathrm{d}t} = \frac{\mathrm{d}H_\mathrm{n}}{\mathrm{d}t} + \frac{\mathrm{d}H_\gamma}{\mathrm{d}t} \tag{3.1.15}$$

式中，$\dfrac{\mathrm{d}H}{\mathrm{d}t}$ 为总剂量当量率，$\dfrac{\mathrm{d}H_\mathrm{n}}{\mathrm{d}t}$ 为中子产生的剂量当量率，$\dfrac{\mathrm{d}H_\gamma}{\mathrm{d}t}$ 为 γ 射线产生的剂量当量率. 对于点源，$\dfrac{\mathrm{d}H}{\mathrm{d}t}$ 随距离 r 的增加而减小. 设 $r_{\min}$ 为 $\dfrac{\mathrm{d}H}{\mathrm{d}t} = 2.5\,\text{mrem}/\text{h}$ 时距中子源的距离为最小允许距离. 在裸源辐射场中工作时，工作人员与中子源之间的距离应不小于此值.

6. FJ-373 型 n-γ 辐射仪

本实验中采用 FJ-373 型 n-γ 辐射仪来测量中子通量密度 $\phi(r)$ 和 γ 照射率 P_γ. 仪器由主机和探头两部分组成，用电缆连接. 采用两节 1 号电池供电，测量结果由表头显示. 该仪器采用含 $^{10}_{4}\text{Be}$、$^{6}_{3}\text{Li}$ 等核素的 ZnS 闪烁体作为中子探测器，在探测器外面包有中子慢化体. 它可在强 γ 辐射场中探测中子通量，但是它不能区分被探测中子的能量，在使用时应注意这一点.

实验仪器

中子剂量测量实验装置结构图，如图 3.1.5 所示.

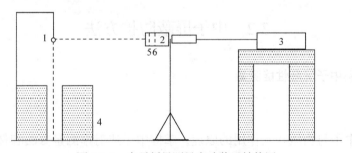

图 3.1.5　中子剂量测量实验装置结构图
1. 中子源；2. 探头；3. 主机；4. 屏蔽桶；5. γ 探测器标志线；6. 中子探测器标志线

仪器及材料：

(1) Am-Be 中子源(点源，100mCi)，1 个；

(2) 携带式 n-γ 辐射仪，FJ-373 型，1 台；

(3) 中子源屏蔽桶，1 个；

(4) 中子源提升装置，1 个；

(5) 米尺，1 根.

实验步骤

(1) 按 FH-373 型 n-γ辐射仪使用说明检查仪器，使之正常工作.

(2) 按图 3.1.5 布置探头和仪器，测量出中子探测器和中子源之间的距离 r.

(3) 提升中子源到图 3.1.5 中 1 的位置，把仪器的"测量选择"置于"中子". 此时仪器表头显示值即为 r 处中子通量密度 $\phi(r)$.

(4) 改变距离 r，测出相应的 $\phi(r)$.

(5) 把"测量选择"置于"r"，用相同的方法测出γ照射率 P_γ 与距离 r 的关系. 注意，每次测量应取 10 个数值，然后求平均值.

(6) 测量完毕立即把中子源放回屏蔽桶，关掉仪器.

(7) 根据测量结果，用作图法求出 Y、P_b；作 $\dfrac{dH}{dt}$-r 图，从图中求出最小容许距离 $r_{\min}$.

思考题

(1) 与其他同位素中子源相比，Am-Be 中子源有哪些优缺点？

(2) 中子源放在慢化介质内时的辐射剂量场分布与本实验测量结果是否相同？为什么？

3.2　中子屏蔽防护方法

3.2.1　材料中子屏蔽性能测量

实验目的

了解中子与物质相互作用的原理，掌握中子透射率测量方法和材料的中子屏蔽性能评价方法.

实验原理

中子在应用过程中的辐射屏蔽问题一直以来都是人们的关注点，中子屏蔽材料为富含氢、锂、硼等轻元素的物质和一些稀有金属，如高分子、LiH、B_4C、含硼石墨、金属硼化物、稀土/高分子复合材料等. 近年来也在不断地开发新的材料，实现功能屏蔽一体化的目的.

材料对中子的屏蔽主要是通过中子与材料原子核发生各种反应，将中子的能量降低到热中子范围，之后利用热中子吸收材料将热中子吸收. 中子与原子核之间主要有以下几种作用方式：直接相互作用、势散射以及形成复合核.

1. 弹性散射

中子和样品元素的原子核发生弹性散射反应的过程中，其作用机理分为两种. 一种为势散射，势散射为一种简单的核反应过程. 中子波与原子核的表面势之间发生作用，该反应的特点为：任意能量段的中子都可以发生该反应，中子不会进入原子核，反应前后靶核的内能不会发生改变，中子将部分或者所有动能传递给原子核，成为原子核的动能. 发生势散射后，中子的能量下降以及中子的运动方向会发生变化. 另外的一种反应为共振弹性散射，其会与原子核反应成为复合核，复合核会处于激发态，通过释放出一个中子回到基态，只有具有特定入射能量的中子才会发生共振散射. 弹性散射的一般反应式如下式所示：

$$\ _{Z}^{A}\mathrm{X} + \ _{0}^{1}\mathrm{n} \longrightarrow \left[\ _{Z}^{A+1}\mathrm{X}\right]^{*} \longrightarrow \ _{Z}^{A}\mathrm{X} + \ _{0}^{1}\mathrm{n} \tag{3.2.1}$$

$$\ _{Z}^{A}\mathrm{X} + \ _{0}^{1}\mathrm{n} \longrightarrow \ _{Z}^{A}\mathrm{X} + \ _{0}^{1}\mathrm{n} \tag{3.2.2}$$

在弹性散射反应中，入射中子和靶核组之间满足动量和能量守恒定律. 利用经典力学的方法从动能守恒角度出发可以得到中子损失的动能，如(3.2.3)式所示

$$E_{\mathrm{m}} = E_{\mathrm{n}} - E_{\mathrm{n}}' = \frac{4Mm}{(M+m)^{2}} E_{\mathrm{n}} \cos^{2}\theta \tag{3.2.3}$$

其中，E_{m} 为靶核动能，E_{n} 和 E_{n}' 分别是碰撞前和碰撞后的中子动能，M 表示靶核质量，m 表示中子质量，θ 为在实验室坐标系下的靶核反冲角. 中子从高能慢化到低能，大部分贡献来自于弹性散射. 当靶核的质量越小时，反应后中子损失的能量则越大. 因此通常利用氢元素含量较多的材料(如聚乙烯、石蜡)作为慢化剂.

2. 非弹性散射

中子与靶核发生非弹性散射反应时，中子会与靶核作用从而变为复合核，并且入射中子会将自身的一部分动能传递给靶核，成为其内能，从而使复合核

变成激发态. 之后, 靶核通过释放中子和γ射线退激发. 因此, 在非弹性散射反应中, 中子和靶核的能量是不守恒的, 其中一部分能量以γ射线形式释放出去, 中子损失的能量是十分可观的. 但是发生非弹性散射反应存在阈能, 只有当中子的能量大于靶核的第一激发态能量时才可能发生反应使靶核激发. 非弹性散射的阈值能量计数公式为

$$E_{阈} = E_\gamma \frac{M+m}{M} \tag{3.2.4}$$

E_γ 既是靶核第一激发态能量, 同时也是释放的γ射线能量. 因为靶核通过反应会获得反冲动能, 为了保持系统能量守恒, 中子的动能必须大于第一激发态能量, 才可能发生非弹性散射反应. 表 3.2.1 列出了一些元素与中子非弹性散射的前两个激发态的能量.

表 3.2.1   一些元素与中子非弹性散射的前两个激发态的能量

元素	第一个激发态/MeV	第二个激发态/MeV
^{12}C	4.43	7.65
^{16}O	6.06	6.13
^{23}Na	0.45	2.0
^{27}Al	0.84	1.01
^{56}Fe	0.84	2.01
^{238}U	0.045	0.145

3. 辐射俘获反应

辐射俘获是最常见的吸收反应. 该过程为靶核俘获一个中子, 之后形成一个复合核并处于激发态, 然后退激发释放特征γ射线, 俘获吸收的一般反应式为

$$_Z^A X + {}_0^1 n \longrightarrow \left[{}_Z^{A+1} X \right]^* \longrightarrow {}_Z^{A+1} X + \gamma \tag{3.2.5}$$

发生反应后, 生成靶核的同位素 $_Z^{A+1} X$, 该同位素往往具有放射性. 该反应在全部能量区间均可以发生, 然而能量较低的中子与质量数较大的核反应概率会比较大. 至于俘获反应, 原本处于基态的靶核在俘获一个中子后会生成放射性核素, 具有放射性. 对于材料的中子屏蔽性能, 通常采用中子透射率来描述. 准直成平行束的中子射线, 在穿过物质时, 由于与材料发生各种相互作用, 中

子通量会不断下降，其值服从指数衰减，如式(3.2.6)所示

$$I = I_0 e^{-\Sigma x} \tag{3.2.6}$$

其中，I_0、I 分别是穿过材料前、后的中子束强度，x 是穿过材料的厚度(单位是 cm)，Σ 是材料的宏观反应截面. 将 I/I_0 定义为中子透射率，根据透射率的大小来判断材料对中子的屏蔽性能.

实验仪器

(1) Am-Be 中子源(约 300mCi)，1 个；
(2) ^{3}He 探测器，型号：1032，1 个；
(3) 前置放大器，型号：CAKE151，1 台；
(4) 单道分析器，型号：CAKE560，1 台；
(5) 定标器，型号：CAKE231，1 台；
(6) NIM 机箱，型号：CAKE312，1 台；
(7) 高压电源，型号：CAKE351，1 台；
(8) 不同厚度聚乙烯、含硼聚乙烯块，一批.

实验步骤

(1) 样品测量示意图如图 3.2.1 所示，将 ^{3}He 探测器与前置放大器、单道分析器及定标器依次相连，利用 NIM 机箱对其进行低压供电. 利用高压电源为 ^{3}He 探测器进行供电，将电压调至坪区，并进行预热.

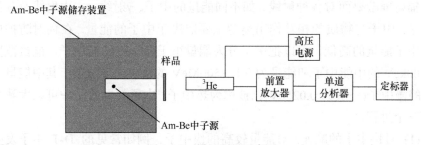

图 3.2.1　样品测量示意图

(2) 将中子束出口堵上，进行测量，记录的定标器计数作为 $I_{本底}$. 之后将中子束出口打开，测量并记录定标器的计数作为 I_0，统计误差要求小于 2%～3%.

(3) 在中子束出口处，分别覆盖 0.5cm、1cm、2cm、5cm、10cm 厚度的聚

乙烯和含硼聚乙烯, 对每组样品测量三次, 记录的定标器计数作为 I, 计算聚乙烯和含硼聚乙烯在不同厚度下的中子透射率.

(4) 比较两种材料对 Am-Be 中子源的屏蔽性能.

思考题

如何避免周围散射的中子对测量结果的干扰?

3.2.2 中子防护方法

实验目的

了解中子防护原理和常用的中子屏蔽防护材料, 掌握中子屏蔽防护的基本方法.

实验原理

外照射防护的三个原则: ①时间防护. 累计剂量的大小与受辐射时间成正比. 受辐射时间越短, 危害越小. ②距离防护. 由辐射引起的剂量率水平与该处到放射源距离的平方近似成反比. 距离越远, 该处的剂量率越低, 危害越小. ③屏蔽防护. 在人与放射源之间增加一道或几道防护屏障. 选择适宜的屏蔽材料和屏蔽体的设置形式, 通过计算分析并考虑合理的裕量来确定屏蔽体的厚度. 其中, 中子外照射的屏蔽防护是中子防护十分重要的过程.

1. 中子外照射屏蔽防护的基本思路

辐射屏蔽要面对各种射线, 如不同能量的中子、γ射线、二次射线及其他带电粒子. 中子与物质的相互作用类型主要取决于中子的能量. 在辐射防护中, 根据中子能量的高低, 可以把中子分为能量小于 5keV 的慢中子、能量范围为 5~100keV 的中能中子和能量为 0.1~500MeV 的快中子三大类, 其中能量小于 1eV 的慢中子(一般为 0.025eV)也被称为热中子. 中子的屏蔽防护可以大致分为以下三个过程.

(1) 对快中子的减速. 对能量较高的快中子, 例如常见的 D-T 中子发生器发射的 14.1MeV 的中子, 常用散射截面大的高 Z 值的元素进行慢化. 常用的材料有 W、Pb、Bi、Fe 等. 在用重元素对能量较高的快中子慢化后, 还需要用轻元素进行进一步减速. 通常使用石墨或者水、石蜡、高密度聚乙烯等富氢材料.

(2) 对热中子的吸收. 快中子在材料中被慢化逐渐变为热中子, 这时需要热中子吸收截面大的材料对热中子吸收. 常用的是含硼或含锂的材料，例如氟化锂、氢氧化锂、硼酸、碳化硼等. 此外，镉、钆、铪等稀土元素也有十分高的中子吸收截面.

(3) 次级γ射线的屏蔽. 热中子在被材料吸收的过程中往往会释放出瞬发γ射线，这些γ射线也同样会对人体产生伤害. 因此，对中子屏蔽材料产生的次级γ射线的屏蔽也是必要的. 常用的γ射线屏蔽材料多为高 Z 值的、高密度的金属材料，例如 Pb、W、Bi 和钨铜合金等. 但在中子屏蔽材料足够厚的情况下，绝大多数次级γ射线都被屏蔽材料本身所吸收.

总的来说，对中子，尤其是快中子的屏蔽防护一般遵循先慢化再吸收的原则. 但在实际应用中一些复合材料可以同时对中子进行慢化吸收，比单一材料有更好的屏蔽效果. 例如高硼钢、铝基碳化硼、含硼混凝土等. 在实际工程应用中，不仅要考虑材料的中子屏蔽性能，还要考虑材料的力学性能、加工性能、性价比等工程应用因素.

2. 中子屏蔽的计算方法

1) 分出截面法

$$\dot{H} = \frac{1.3 \times 10^{-7}}{4\pi R^2} s \cdot f \, (\text{mSv} / \text{h}) \tag{3.2.7}$$

这里 1.3×10^{-7} mSv/h 相当于 $1\text{n}/(\text{s} \cdot \text{m}^2)$ 中子注量率的剂量当量率. s 为源强 (s^{-1})，R 为离源点距离；f 为在屏蔽材料中的中子衰减因子，其值可查表 3.2.2 获得.

表 3.2.2　常用屏蔽材料的衰减因子

材料	f 值
水	$0.892e^{-0.129t} + 0.108e^{-0.091t}$
混凝土	$e^{-0.083t}$
钢	$e^{-0.063t}$
铅	$e^{-0.042t}$

表 3.2.2 中 t 为屏蔽层厚度(m). 当屏蔽材料氢原子含量超过 40%时，f 中的指数还须乘以 $\rho / \rho_{水}$，其中 $\rho_{水}$ 为水中的氢原子密度，ρ 为含氢材料的氢原子密度，其值可查表 3.2.3 获得.

表 3.2.3　一些屏蔽材料的含氢密度 ρ

材料	化学组成	含氢原子数/cm⁻³
水	H_2O	6.70×10^{22}
石蜡	$(—CH_2—)_n$	8.15×10^{22}
聚乙烯	$(—CH_2—CH_2—)_n$	8.30×10^{22}
聚氯乙烯	$(—CH_2—CHCl—)_n$	4.10×10^{22}
有机玻璃	$(C_4H_8O_2)_n$	5.70×10^{22}
石膏	$CaSO_4 \cdot 2H_2O$	3.25×10^{22}
高岭土	$Al_2O_3 \cdot 2SiO_2 \cdot 2H_2O$	2.42×10^{22}

当屏蔽材料对中子具有足够的减速能力时，快中子对剂量的贡献要比热中子大 40 倍左右.

2) 快中子减弱的分出截面法

对于氢和一些非常轻的核(如 B、C)，只要中子同它们碰撞 n 次就足以将它们从快群中分离出来，但对于中等核和重核，中子同它们发生小角度方向弹性散射时，中子既不减弱能量也不改变运动方向，故中子的分出不起作用.

宏观分出截面近似为

$$\Sigma_R = \Sigma_t - f\Sigma_{el} \tag{3.2.8}$$

式中，Σ_t 为总宏观截面，Σ_{el} 为宏观弹性散射截面，f 为弹性散射角分布中向前散射的份额.

对于裂变中子谱，Σ_R / ρ 为

$$\begin{cases} \Sigma_R / \rho = 0.19Z^{-0.743}, & Z \leqslant 8 \\ \Sigma_R / \rho = 0.125Z^{-0.565}, & Z > 8 \end{cases} \tag{3.2.9}$$

或

$$\Sigma_R / \rho = 0.206A^{-1/3}Z^{-0.294} \approx 0.206(AZ)^{-1/3} \tag{3.2.10}$$

式中，Σ_R / ρ 称为质量减弱系数.

3) 分出截面法在快中子减弱计算中的应用

对于以轻材料作为慢化剂的均匀介质中，在与各向同性点中子源相距几个

自由程以上的范围内，能量大于某个阈值的快中子注量率为

$$\Phi(r, E_0) = \frac{S_0 B}{4\pi r^2} \exp[-\Sigma_R(E_0)r]$$ (3.2.11)

式中，S_0 为源强(s^{-1})；B 为初始积累因子；r 为中子源到测点距离.

$$\Sigma_R(E_0) = \sum_{i=1}^{N} \frac{N_A}{A_i} \rho_i \sigma_{R_i}(E_0)$$ (3.2.12)

上式适用条件是：$A<27$ 时，快中子下限能量为 1.5MeV；$A>27$ 时，快中子下限能量为 3MeV；$r \geqslant 3\lambda = 3/\Sigma_R$.

对于多层组合的屏蔽介质，则有

$$\Phi(r_0) = \frac{S_0 B}{4\pi r^2} \exp\left[-\sum_{i=1}^{N} \Sigma_{R_i} t_i\right]$$ (3.2.13)

式中的 B 只取轻材料的积累因子，部分介质的积累因子如表 3.2.4 所示.

表 3.2.4 对于 $E > 1.5$MeV 中子的初始积累因子 B 值

材料	源中子能量 E_0/MeV						
	2	4	6	8	10	14	14.9
铝		3.5					2.5
水		5.4	4.6	4.2	3.3	2.9	3.0
氢	3.5	3.5	3.5	2.8	2.8	2.8	
石墨		1.4					1.3
铁		4.9					2.7
铅		2.4					2.5
聚乙烯		4.0					2.9

4) 减弱因子曲线的应用

中子透过厚度为 t 的屏蔽层，在离源 r 处形成的吸收剂量率和剂量当量率分别为

$$\begin{cases} D(E_0, t, r) = \Phi(E_0, r) K_D(E_0) F(E_0, t) \\ \dot{H}(E_0, t, r) = \Phi(E_0, r) K_H(E_0) F(E_0, t) = \Phi(E_0, r) B_n(E_0, t) \end{cases}$$ (3.2.14)

式中 $\Phi(E_0, r)$ 为无屏蔽介质时，在距源 r 处的中子注量率；K_D 和 K_H 分别为中子注量与吸收剂同剂量当量的转换系数；$F(E_0, t)$ 为中子透射屏蔽的减弱因子. 通常根据规定的剂量当量率限值 $\dot{H}_0$，查 $B_{ns} = \dot{H}_0 / \Phi_0$ 曲线对应的屏蔽层厚度为 t.

5) 蒙特卡罗方法计数中子屏蔽

在实际应用中，由于受中子场和周围空间环境等因素的约束，难以直接应用理论计算得出所需的中子屏蔽厚度. 这时需要使用 MCNP、Gent4 等蒙特卡罗算法软件进行仿真计算来解决实际问题.

实验仪器

(1) ^{3}He 管计数系统，型号：1032，1 个；

(2) 中子剂量仪，型号：DMC2000GN，1 个；

(3) γ剂量仪，STEPOD-01HX，1 个；

(4) Am-Be 中子源；

(5) 铅块、钢板、聚乙烯块、碳化硼陶瓷块、含硼聚乙烯块、混凝土块等，每块厚度均为 1cm，每种材料为 5 块.

实验步骤

1. 实验准备

连接并调试好 ^{3}He 计数系统，准备好中子剂量仪和γ剂量仪，并将这三个探测设备固定在距 Am-Be 中子源出口 10cm 处，如图 3.2.2 所示.

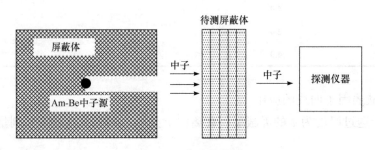

图 3.2.2　实验示意图

2. 实验测量

(1) 分别改变铅块、钢板、聚乙烯块、碳化硼陶瓷块、含硼聚乙烯块和混凝土块的厚度，测量穿过待测屏蔽体的中子剂量、γ剂量和 ^{3}He 计数.

(2) 选用不同的材料(总共为 5 块)并改变它们的组合顺序构成五种不同的组合，测量穿过待测屏蔽体的中子剂量、γ剂量和 ^{3}He 计数.

思考题

(1) 分析不同材料组合屏蔽体的测量数据，找出屏蔽效果最好的一组，分析原因.

(2) 选取一种材料，用分出截面法计算不同厚度的屏蔽效果，与实验结果进行比较并分析原因.

第4章

中子活化分析

4.1 中子活化分析法核素分析

实验目的

了解中子活化分析技术并掌握测量技术，判断萤石矿中氟元素含量，确定其品位.

实验原理

中子活化分析(neutron activation analysis, NAA)利用中子照射样品使之活化产生放射性核素，再根据放射性核素的半衰期和它所发出的γ射线能量及强度，鉴定出样品中存在哪些元素及这种元素的含量，具有灵敏度高、多元素同时分析、非破坏性等特点，因而在多个领域得到广泛应用. 用 NAA 法对矿石的品位进行判断是其中一个重要应用，本实验利用 NAA 对萤石矿进行活化分析，判断其中氟元素的含量.

中子总体是呈现电中性的，在与物质的原子核(通常称为靶核)发生碰撞时，一般通过核力与原子核发生相互作用. 核力是一种强相互作用，且为短程力，作用距离为 fm(10^{-15}m)量级，而中子与原子核及核外电子发生的电磁相互作用同核力相比，可以忽略不计.

中子与原子核发生的核反应可以分为三个阶段：第一阶段，中子接近靶核核力作用范围内，可能发生两种情况，一是被靶核弹出来，即发生弹性散射；二是被靶核吸收引起核反应. 第二阶段，中子被靶核吸收后，中子与靶核发生能量交换，中子不再独立运动，而是与靶核形成了一个复合体系，能量交换的方式有几种，但用于中子活化分析的只是中子与靶核合为一体形成的复合核. 第三阶段，复合核通常处于激发态而且寿命很短(10^{-14}～10^{-12}s 量级)，复合核可以通过多种方式退激发, 如放出γ射线、p(质子)、d(氘核)、α粒子(氦核)、n(中子)等粒子. 生成的产物原子核又往往是放射性的, 它们均有特定的半衰期, 通常还放出具有特征能量的γ射线, 射线强度与对应的原子核含量成正比. 中子与物质原子核反应过程如下:

$$n+A \longrightarrow [n+A]^* \longrightarrow B+b \tag{4.1.1}$$

其中, n 为中子, A 为靶核, n+A 为复合核, B 为生成核, b 为出射粒子.

中子活化分析就是将样品放在中子源所提供的中子束上照射, 使之活化产生放射性核素(即生成核), 再根据放射性核素的半衰期和它所发出的γ射线能量及强度, 鉴定出样品中存在哪些元素及这种元素的含量.

对于萤石矿来说, 其主要矿物成分是氟化钙, 还存在钠、铝、硅、钾、铁、碳、氧、硫等核素, 主要参数如表 4.1.1 所示.

表 4.1.1 不同核素活化核及相关参数

核素	活化核	半衰期	E_γ/MeV	分支比/%
^{19}F	^{20}F	11.4s	1.633	100.00
^{46}Ca	^{47}Ca	4.54d	1.297	74.00
^{48}Ca	^{49}Ca	8.72min	3.084	92.10
^{23}Na	^{24}Na	14.96h	1.368	100.00
^{27}Al	^{28}Al	2.24min	1.779	100.00
^{30}Si	^{31}Si	2.62h	1.266	0.07
^{58}Fe	^{59}Fe	44.5d	1.099	56.50

从表 4.1.1 中可以看出, 选择氟元素作为萤石矿的活化指示元素较为合适. 首先, 自然界上存在的氟元素都可以作为活化的母核, 因此, 测得了氟指示元素的含量, 即可确定氟化钙的含量. 同时, 氟元素的半衰期比其他核素小很多, 在氟活化饱和之后其他核素均未饱和.

样品被热中子辐照时, 某一核素产生的特征γ射线的计数 N 为

$$N = \phi \frac{m}{M} N_A \sigma \theta \varepsilon \eta f (1-e^{-\lambda t_1}) e^{-\lambda t_2} \frac{1}{\lambda} (1-e^{-\lambda t_3}) \tag{4.1.2}$$

式中, ϕ 为样品内部平均中子通量, m 为核素质量, M 为核素摩尔质量, N_A 为阿伏伽德罗常量, σ 为反应截面, θ 为同位素丰度, ε 为探测效率, η 为所探测γ

射线的相对强度，f 为中子自屏蔽因子，λ 为核素衰变常数，t_1 为样品接受辐照时间，t_2 为冷却时间，t_3 为测量时间.

在一定的实验条件下，通过计数 N 与 (4.1.1) 式中各参量的测量，可以计算出待测核素的含量，这就是绝对测量的方法. 由于这种方法依赖于多参量的测定，困难较多，故较少采用. 在本实验中，由于是对样品的品位(即氟元素含量)进行判定，因此可以避免绝对测量，通过刻度校准曲线，利用校准曲线对未知样品元素含量进行分析.

实验仪器

(1) 高纯锗探测器，GMX30P4-70，1 台；

(2) 多道分析器，型号：DSPEC50，1 台；

(3) 计算机，1 台；

(4) 低本底铅室，1 台；

(5) Am-Be 中子源(约 1Ci)，1 个(加慢化装置)；

(6) 压样机，1 台；

(7) ^{137}Cs、^{60}Co 标准γ放射源，约几十微居里，各 1 个；

(8) 萤石矿、氧化硅一批.

实验步骤

1. 样品配置

将萤石矿粉碎成粉末后与氧化硅粉末进行混合，配置成梯度比例，制成 5 组样品，如表 4.1.2 所示. 样品的质量根据 Am-Be 中子源的活度大小进行适当调整，将这些样品分别装入一定体积的聚乙烯瓶中，用压样机压实后做成不同品位的模块.

表 4.1.2　不同样品参数

样品编号	萤石矿质量/g	氧化硅质量/g	总质量/g
1	10	40	
2	20	30	
3	30	20	50
4	40	10	
5	50	0	

2. 连接好实验仪器并确定好工作条件

将 HPGe 探测器放置于低本底铅室，并与多道分析器连接，多道分析器连接计算机. 通过 ^{137}Cs 和 ^{60}Co 对探测系统进行能量刻度.

3. 样品测量

(1) 选取合适的活化时间，一般为 3～5 个半衰期，把样品放置于热中子孔道处进行活化.

(2) 取出样品，冷却之后置于探测器的顶部进行测量，获得γ能谱并计算得到特征峰的净面积.

(3) 重复步骤(1)和(2)，得到 5 组样品中氟元素的特征峰计数大小，并进行校准曲线的刻度分析.

思考题

(1) 如何计算并分析测量结果的误差？

(2) 测量过程中的中子自屏蔽和γ射线自吸收造成的误差是否严重？如果继续增加氟元素的含量，其校准曲线的变化趋势如何？

4.2　核素俘获中子截面测量

实验目的

了解活化法测量热中子俘获截面的基本原理并初步掌握其测量技术.

实验原理

中子和原子核发生相互作用时，辐射俘获即(n, γ)反应是很主要的过程，新生成的核素一般都具有放射性，这种现象称为中子活化. 由于大多数核素都可以与中子发生俘获反应并发射出特征γ射线，因此中子活化被广泛应用于反应堆工程、核技术应用及同位素生产等领域. 在中子活化分析中，核素的俘获反应截面是十分重要的参数，因此俘获截面的测量十分重要.

反应截面σ表示：一个入射粒子与靶物质单位面积上一个靶核发生相互作用的概率. 它与单位时间内入射粒子数 I 和单位面积上的靶核数目 N 成反比，与单位时间内入射粒子和靶核发生反应数 N' 成正比，即

$$\sigma = \frac{N'}{IN} \tag{4.2.1}$$

σ 具有面积的量纲，以 10^{-24}cm^2 为单位，称为靶恩，记为 b，$1\text{b}=10^{-24}\text{cm}^2$.

本实验采用活化法测量俘获反应 $^{51}\text{V(n, }\gamma)^{52}\text{V}$ 的 ^{51}V 热中子俘获截面，其方法的要点是：将待研究的样品放在已知中子流中照射若干时间，然后取出样品再置于测量样品放射性的装置中进行测量. 对于一个活化样品，假定只生成一种放射性核素，那么其活度与中子通量、反应截面和样品中原子数(靶核数目)有以下关系：

$$A_0 = \frac{\sigma m N_\text{A} \phi a s}{W} \tag{4.2.2}$$

式中，A_0 为样品在 $t=0$ 时(即刚停止照射时刻)该核素的活度；σ 为反应截面(cm^2)；m 为靶元素的质量(g)；N_A 为阿伏伽德罗常量($6.023\times10^{23}\text{mol}^{-1}$)；$\phi$ 为中子通量密度 $\text{n/(s}\cdot\text{cm}^2)$；$a$ 为样品中同位素的自然丰度；s 为饱和系数即 $1-\text{e}^{-\lambda t}$，$\lambda = \ln 2 / T_{1/2}$，$T_{1/2}$ 为半衰期，t 为照射时间；W 为靶元素的原子量.

从(4.2.2)式可知，当样品确定后，为了确定 σ 必须知道 A_0 和 ϕ. 对于测量生成核的 γ 放射性情况，A_0 可用 γ 探测器测量，并通过(4.2.3)式得到，即

$$A_0 = \frac{\lambda A_\text{net}}{\text{e}^{-\lambda t_1}(1-\text{e}^{-\lambda t_2})\varepsilon f} \tag{4.2.3}$$

式中，A_net 为待测核素特征 γ 峰净面积；ε 为特征峰探测效率；f 为 γ 射线分支比；t_1 为开始测量的时刻(以刚停止照射时为 0 时刻)，即冷却时间；t_2 为测量完毕的时刻.

本实验中，核素特征峰的探测效率 ε 可以采用标准 γ 源实验测量得到或者通过蒙特卡罗模拟计算得到，对于中子通量密度可以通过活化已知截面的样品(如铟(In))，由(4.2.2)和(4.2.3)式计算得到. 表 4.2.1 给出了 In 和 V 的相关参数.

表 4.2.1 In 和 V 热中子俘获相关数据

元素	靶核	原子量	丰度/%	半衰期/min	特征γ射线/MeV	γ射线分支比/%
					0.417	29.20
铟	^{115}In	114.82	95.71	54.15	1.097	56.21
					1.293	84.40
					2.112	15.53
钒	^{51}V	50.94	99.75	3.75	1.434	100

实验仪器

(1) 高纯锗探测器，GMX30P4-70，1 台；

(2) 多道分析器，型号：DSPEC50，1 台；

(3) 计算机，1 台；

(4) 低本底铅室，1 台；

(5) Am-Be 中子源，1 个(加慢化装置)；

(6) ^{137}Cs、^{60}Co 标准γ放射源，约几十微居里，各 1 个；

(7) 待研究样品，铟片和钒片(已知含量)，若干片.

实验步骤

1. 连接好实验仪器并确定好工作条件

将高纯锗探测器放置于低本底铅室，并与多道分析器连接，多道分析器连接计算机. 通过 ^{137}Cs 和 ^{60}Co 对探测系统进行能量刻度，利用 MCNP 模拟软件对探测效率进行模拟计算.

2. 中子通量测量

(1) 把质量已知的铟片放置于热中子孔道处进行活化至饱和.

(2) 取出铟片，冷却 10min，之后置于探测器的顶部进行测量，获得γ能谱并计算得到特征峰的净面积.

(3) 重复步骤(1)和(2)，求出结合 MCNP 计算得到的探测效率，计算两次热中子通量密度，计算平均值、标准误差和相对标准误差(要求相对标准误差≤5%).

3. 确定 ^{51}V 的俘获截面

(1) 把已知质量的钒片放在同一位置上进行活化至饱和.

(2) 取出钒片，冷却 1min，之后置于探测器的顶部同一位置进行测量，获得γ能谱并计算得到特征峰的净面积.

(3) 利用前面所述中子通量测量的步骤(3)中确定的平均热中子通量密度和 MCNP 计算得到的探测效率，计算 ^{51}V 的热中子俘获截面，并估计误差.

思考题

(1) 用中子源辐照样品时，辐照时间如何选取？

(2) 在测量过程中, 超热中子的俘获吸收也会被同时测量, 实验上如何排除超热中子的干扰?

4.3   瞬发γ射线活化分析

4.3.1   快中子活化分析

实验目的

了解 14MeV 中子活化分析的方法并掌握测量技术.

实验原理

快中子活化分析法是一种较新的元素分析方法. 它具有快速、准确、无损、灵敏等多方面的优点, 因而在工业、农业、国防、科研等领域得到了日益广泛的应用. 碳氧元素检测在测井技术、煤炭成分分析、石油中水分测量、爆炸物检测分析等领域十分重要, 用 14MeV 中子活化分析测定爆炸物样品的碳氧比从而对样品进行甄别.

快中子活化分析技术的基本原理是利用快中子与样品中的核素发生非弹性散射反应, 在极短的时间内发射出特征γ射线, 利用探测器对γ射线的能量和强度进行测量分析, 就可以对样品中的核素进行定性定量分析. 当样品受到 14MeV 中子辐照时, ^{16}O 会发射出 6.13MeV 特征γ射线, ^{12}C 会发射出 4.44MeV 特征γ射线. 在本实验中, 利用 14MeV 中子对样品进行辐照, 由于是对碳氧比进行测量, 因此是一种相对测量的方法. 通过碳氧特征峰的计数比值可以确定不同的样品. 本实验测量的爆炸物是三硝基甲苯(TNT)和季戊四醇四硝酸酯(PETN), 相关参数如表 4.3.1 所示.

表 4.3.1   TNT 和 PETN 相关参数

样品	元素组成/%				C/O
	C	H	O	N	
TNT	37	2.2	42.3	18.5	0.9
PETN	19	2.4	60.8	17.7	0.3

实验仪器

(1) NaI 探测器(配备屏蔽体), 型号: NAI232, 1 个;

(2) 多道分析器,型号:CAKE918,1 台;

(3) 计算机,2 台;

(4) 低本底铅室,1 台;

(5) D-T 中子发生器(配备控制机箱);

(6) ^{137}Cs、^{60}Co 标准γ放射源,约几十微居里,各 1 个;

(7) 聚乙烯瓶若干;

(8) 石墨、三聚氰胺、有机玻璃粉末一批.

实验步骤

1. 样品配置

利用石墨、三聚氰胺、有机玻璃粉末配置不同的样品,放置于聚乙烯瓶中.

2. 连接好实验仪器并确定好工作条件

将 NaI 探测器与多道分析器连接,多道分析器连接计算机,通过 ^{137}Cs 和 ^{60}Co 对探测系统进行能量刻度,将 D-T 中子发生器连接好控制机箱并与计算机相连接.整套装置放置于有屏蔽防护的中子实验室内,可以按照图 4.3.1 所示进行布置.

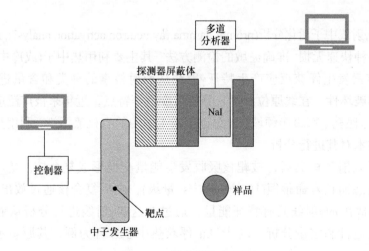

图 4.3.1　样品测量示意图

3. 样品测量

(1) 打开中子发生器,根据实际屏蔽防护情况选取高压参数,可以将产额调

控至 10^7n/s 量级;

(2) 对空的聚乙烯瓶进行测量,其测量结果作为本底能谱;

(3) 对样品进行测量,每组样品测量 2 次,测量时间为活时 1h;

(4) 对氧元素和碳元素的特征峰进行处理,得到其计数并计算误差,比较不同样品的碳氧比.

思考题

(1) 直接利用相对法进行比值测量时是否需要进行修正,如果需要,需要对哪一项进行修正处理?

(2) 测量过程中的主要干扰因素包括哪些?如何消除或减弱?

4.3.2 热中子活化分析

实验目的

了解热中子活化分析的基本原理,掌握其测量方法,掌握检测限定义和计算方法.

实验原理

瞬发γ射线中子活化分析(prompt gamma ray neutron activation analysis, PGNAA)技术是一种快速无损、准确灵敏的检测方法. 其主要利用热中子(或冷中子)与样品中的核素发生俘获反应产生特征γ射线从而对核素的种类和含量进行分析. 由于其非破坏性、在线原位测量、分析精度高等特点,近年来被广泛应用于工业、环境、医药、军事等领域. 针对近年来土壤中的有机氯污染,利用热中子活化分析技术对其进行分析.

中子入射到样品后,被靶核吸收发生能量交换形成复合核. 复合核通常处于激发态而且寿命很短($10^{-14} \sim 10^{-12}$s 量级),之后复合核通过放出γ射线退激发. 释放出的γ射线具有特征能量,通过对这些γ射线进行分析从而可以对核素进行定性和定量分析,以 ^{197}Au 俘获热中子过程为例,其原理示意图如图 4.3.2 所示.

在一定测量时间内,核素产生的瞬发特征γ射线计数 N 为

$$N = \phi \frac{m}{M} N_{\mathrm{A}} \sigma \theta \varepsilon \eta f t \tag{4.3.1}$$

式中，ϕ 为样品内部平均中子通量，m 为核素质量，M 为核素摩尔质量，N_A 为阿伏伽德罗常量，σ 为反应截面，θ 为同位素丰度，ε 为探测效率，η 为所探测 γ 射线的相对强度，f 为中子自屏蔽因子，t 为测量时间.

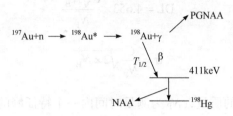

图 4.3.2　PGNAA 和 NAA 基本原理

当土壤中的氯元素受到热中子辐照时，^{35}Cl 会发射多组特征 γ 射线，相关参数如表 4.3.2 所示. 在一定的实验条件下，通过计数 N 与(4.3.1)式中各参量的测量，可以计算出氯元素的含量，这就是绝对测量的方法. 由于这种方法依赖于多参量的测定，困难较多，故较少采用.

表 4.3.2　氯元素部分特征 γ 射线能量与强度

γ 射线能量/keV	强度/%
788	15.00
1950	21.72
6110	20.00
6619	8.01
7413	10.42

在 PGNAA 技术中，通常采用以下两种定量分析方法：校准曲线法和比较测量法. 校准曲线法是配置一定梯度的样品，建立待测元素含量与特征 γ 射线计数的关系曲线，从而对未知样品中的元素含量进行分析的方法. 比较测量方法是在样品中掺杂某些特别的元素，在相同的情况下进行辐照测量，由于比较元素的相关信息均可以获取，因此通过比值计算可以得到待测元素的含量.

在本实验中，采用校准曲线法进行测量分析，通过在土壤中掺杂不同质量的 NaCl 得到 Cl 元素特征 γ 射线计数与 Cl 元素质量的校准曲线，同时对该方法的检测限(detection limit, DL)进行分析. 检测限以浓度(或质量)表示，是指由特定的分析步骤能够合理地检测出的最小分析信号求得的最低浓度(或质量)，是方法和仪器灵敏度重要指标之一，检测限和其误差的计算方式分别如下：

$$DL = 4.653 \times \frac{C\sqrt{N_B}}{N_P} \tag{4.3.2}$$

$$\sigma = \frac{C}{N_P}\sqrt{2 \times N_B} \tag{4.3.3}$$

其中，C 为 Cl 元素的质量，N_P 为测量时间内一个特征峰的峰下净计数，N_B 为本底计数.

实验仪器

    (1) Am-Be 中子源(约 300mCi)，1 个；

    (2) NaI 探测器(配备屏蔽体)，型号：NAI232，1 个；

    (3) 多道分析器，型号：CAKE918，1 台；

    (4) 计算机，1 台；

    (5) ^{137}Cs、^{60}Co 标准γ放射源，约几十微居里，各 1 个；

    (6) 混料机，1 台；

    (7) 聚乙烯瓶若干；

    (8) 铅块一批；

    (9) 土壤样品，氯化钠一批.

实验步骤

    1. 样品配置

    选取 1kg 土壤样品，在其中分别掺杂 0.5g、1g、2.5g、5g 和 10g 氯元素(对应的氯化钠质量分别为 0.83g、1.67g、4.17g、8.33g 和 16.67g). 利用混料机进行搅拌混匀配成梯度样品.

    2. 连接好实验仪器并确定好工作条件

    将 NaI 探测器与多道分析器连接，多道分析器连接计算机，通过 ^{137}Cs 和 ^{60}Co 对探测系统进行能量刻度，利用铅块对探测器进行屏蔽防护. 整套装置放置于有屏蔽防护的中子实验室内，按照图 4.3.3 所示进行布置.

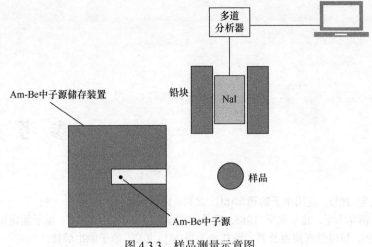

图 4.3.3　样品测量示意图

3. 样品测量

(1) 设置测量时间为活时 1h，对空的聚乙烯瓶进行测量，测量结果作为本底能谱；

(2) 对 5 组梯度样品进行测量，每组样品测量 2 次，测量时间同样为活时 1h；

(3) 对氯元素的特征峰进行处理，得到其计数并计算误差，得到校准曲线，并对该方法的检测限进行计算分析.

思考题

(1) 如何提升对土壤中氯元素的检测限？

(2) 试分析氯元素的校准曲线线性相关系数，若其线性相关系数较差，试分析其原因.

参 考 文 献

陈达, 贾文宝. 2015. 应用中子物理学[M]. 北京: 科学出版社.

复旦大学, 清华大学, 北京大学. 1985. 原子核物理实验方法[M]. 北京: 原子能出版社.

汲长松. 1990. 核辐射探测器及其实验技术手册[M]. 北京: 原子能出版社.

谢仲生, 吴宏春, 张少泓. 1996. 核反应堆物理分析[M]. 北京: 原子能出版社.

Bode P, Hoffman E, Lindström R, et al. 1990. Practical aspects of operating a neutron activation analysis laboratory[J]. LAEA-TECDOC, 564, 251.

Molnár G L. 2004. Handbook of Prompt Gamma Activation Analysis: with Neutron Beams[M]. Nether lands: Springer US.

附 录 I

I-1 常用(α,n)中子源及其特性

名称	$T_{1/2}$	中子平均能量 /MeV	中子产额 /(×10⁶/(s·Ci))	10⁶中子的γ射线强度/(mR/(h·m))
²¹⁰Pb-Be	22a	4.5～5.0	2.3～2.5	9
²¹⁰Po-Be	138.4d	4.2	2.3～3.0	0.04
²²⁶Ra-Be	1600a	3.9～4.7	～13	60
²²⁷Ac-Be	21.8a	4.0～4.7	～15	8
²²⁸Th-Be	1.913a		～20	30
²³⁸Pu-Be	88a	5.0	～2.2	<0.5
²³⁹Pu-Be	24100a	4.5～5.0	1.5～2.7	1.7
²⁴¹Am-Be	433a	5.0	～2.2	<1
²⁴²Cm-Be	163d		～2.5	1
²⁴⁴Cm-Be	18.1a		6.0	<1

I-2 ²⁵²Cf 的主要特性

主要参数	参数大小
衰变方式	α衰变: 96.9%; 自发裂变: 3.1%
半衰期	2.646 ± 0.004a
自发裂变中子产额	2.31×10^{12} n/(s·g)
每次自发裂变放出的平均中子数	3.76
平均中子能量	2.348MeV
平均α能量	6.117MeV
γ射线发射率	1.3×10^{13} n/(s·g)
在空气中1m距离处的剂量率	中子剂量率: 22Sv/(h·g); γ剂量率: 1.6Gy/(h·g)

I-3 常用产生中子的核反应

核反应	Q 值/MeV	加速器
$^9Be(\gamma, n)^8Be$	−1.63	感应，电子直线
$^7Li(p, n)^7Be$	−0.647, −2.080	静电
$^3T(p, n)^3He$	−0.7637±0.0010	静电
$^{12}C(d, n)^{13}N$	−0.26, −2.7, ⋯	回旋
$^2D(d, n)^3He$	3.265±0.018	倍压，静电，回旋
$^9Be(d, n)^{10}B$	4.31, 3.60, 2.17, ⋯	回旋，静电
$^7Li(d, n)^8Be$	15.03, 15.15, ⋯	回旋，静电
$^3T(d, n)^4He$	17.6	回旋，静电，倍压

Ⅱ-1 元素与一些分子的截面和核参数
(表中截面是中子能量为 0.0253eV, 即速度为 2200m/s 时的数值)

原子序数	符号	原子量或分子量	密度/(×10³kg/m³)	单位体积内的原子核数/(×10²⁸m⁻³)	$1-\bar{\mu}_0$	ε	微观截面/(×10⁻²⁸m²)			宏观截面/(×10²m⁻¹)		
							σ_a	σ_s	σ_t	Σ_a	Σ_s	Σ_t
1	H	1.008	8.9*	0.0053	0.3386	1.000	0.332	38	38	1.7*	0.002	0.002
	H₂O	18.015	1.000	3.34⁺	0.676	0.948	0.664	103	103	0.022	3.45	3.45
	D₂O	20.028	1.105	3.32⁺	0.884	0.570	0.0013	13.6	13.6	3.3*	0.449	0.449
2	He	4.003	17.8*	0.0026	0.8334	0.425	<5	0.76	0.81	5.02*	2.1*	2.1*
3	Li	6.939	0.534	4.6	0.9047	0.268	70.7	1.4	72.1	3.29	0.065	3.35
4	Be	9.012	1.848	12.36	0.9259	0.209	0.0092	6.14	6.149	124*	0.865	6.865
	BeO	25.02	3.025	0.0728⁺	0.939	0.173	0.010	6.8	6.8	73*	0.501	0.501
5	B	10.811	2.35	12.81	0.9394	0.171	759	3.6	769.2	103	0.346	104
6	C	12.011	～1.6	8.03	0.9444	0.158	0.0034	4.75	4.75	32*	0.385	0.385
7	N	14.007	0.0013	0.0053	0.9524	0.136	1.85	10.6	12.45	9.9*	50*	60*
8	O	15.999	0.0014	0.0053	0.9583	0.120	27*	3.76	3.76	0.000	21*	21*
9	F	18.998	0.0017	0.0053	0.9649	0.102	0.0095	4.0	4.01	0.01*	20*	20*
10	Ne	20.183	0.0009	0.0026	0.9667	0.0968	0.038	2.42	2.46	7.3*	6.2*	13.5*
11	Na	23.000	0.97	2.54	0.9710	0.0845	0.530	3.2	3.73	0.013	0.102	0.115
12	Mg	24.312	1.74	4.31	0.9722	0.0811	0.063	3.42	3.48	0.003	0.155	10.158
13	Al	26.982	2.699	6.02	0.9754	0.0723	0.230	1.49	1.72	0.015	0.084	0.099
14	Si	28.086	2.33	5.00	0.9762	0.0698	0.16	2.2	2.36	0.008	0.089	0.097
15	P	30.974	1.82	3.54	0.9785	0.0632	0.180	～5	5.20	0.007	0.177	0.184

续表

原子序数	符号	原子量或分子量	密度/(×10³kg/m³)	单位体积内的原子核数/(×10²⁸m⁻³)	$1-\bar{\mu}_0$	ε	微观截面/(×10⁻²⁸m²)			宏观截面/(×10²m⁻¹)		
							σ_a	σ_s	σ_t	Σ_a	Σ_s	Σ_t
16	S	32.064	2.07	3.89	0.9792	0.0612	0.52	0.98	1.50	0.020	0.043	0.063
17	Cl	35.453	0.0032	0.0053	0.9810	0.0561	33.2	~16	49.2	0.002	80*	0.003
18	Ar	31.948	0.0018	0.0026	0.9833	0.0492	0.678	0.64	1.32	1.7*	3.9	5.6*
19	K	39.102	0.862	1.32	0.9829	0.0504	2.10	1.5	3.60	0.028	0.020	0.048
20	Ca	40.08	1.55	2.33	0.9833	0.0492	0.43	~3	3.43	0.010	0.070	0.080
21	Sc	44.956	2.5	3.35	0.9852	0.0438	26.5	24	50.5	0.804	0.804	1.61
22	Ti	47.90	4.51	5.67	0.9861	0.0411	6.1	4.0	10.1	0.328	0.226	0.555
23	V	50.942	6.11	7.21	0.9869	0.0387	5.04	4.9	9.94	0.352	0.352	0.704
24	Cr	51.996	7.19	8.33	0.9872	0.0385	3.1	3.8	6.9	0.255	0.247	0.501
25	Mn	54.938	7.43	8.15	0.9878	0.0359	13.3	2.1	15.4	1.04	0.181	1.22
26	Fe	55.847	7.87	8.49	0.9881	0.0353	2.55	10.9	13.45	0.222	0.933	1.15
27	Co	58.933	8.9	8.99	0.9887	0.0335	37.2	6.7	43.9	3.46	0.637	4.10
28	Ni	58.71	8.90	9.13	0.9887	0.0335	4.43	17.3	22.73	0.420	1.60	2.02
29	Cu	63.54	8.96	8.49	0.9896	0.0309	3.79	7.9	11.69	0.0326	30.611	0.937
30	Zn	65.37	7.13	6.57	0.9897	0.0304	1.10	4.2	5.30	0.072	0.237	0.309
31	Ga	69.72	5.91	5.11	0.9925	0.0283	2.9	6.5	9.40	0.143	0.204	0.347
32	Ge	72.59	5.36	4.45	0.9909	0.0271	2.3	7.5	9.8	0.109	0.134	0.243
33	As	74.922	5.73	4.61	0.9911	0.0264	4.3	7	11.3	0.198	0.277	0.475
34	Se	78.96	4.8	3.67	0.9916	0.0251	11.7	9.7	21.4	0.450	0.403	0.853
35	Br	79.909	3.12	2.35	0.9917	0.0247	6.8	6.1	12.9	0.157	0.141	0.298
36	Kr	83.80	0.0037	0.0026	0.9921	0.0236	25	7.5	32.5	81*	19*	99*
37	Rb	85.47	1.53	1.08	0.9922	0.0233	0.37	6.2	6.57	0.008	0.130	0.138
38	Sr	87.62	2.54	1.75	0.9925	0.0226	1.21	10	11.2	0.021	0.175	0.195
39	Y	88.905	5.51	3.73	0.9925	0.0223	1.28	7.6	8.88	0.049	0.112	0.160
40	Zr	91.22	6.51	4.29	0.9927	0.0218	0.185	6.4	6.59	0.008	0.338	0.347
41	Nb	92.906	8.57	5.56	0.9928	0.0214	1.15	~5	6.15	0.063	0.273	0.336
42	Mo	95.94	10.2	6.40	0.9931	0.0207	2.65	5.8	8.45	0.173	0.448	0.621

续表

原子序数	符号	原子量或分子量	密度/(×10³kg/m³)	单位体积内的原子核数/(×10²⁸m⁻³)	$1-\bar{\mu}_0$	ε	微观截面/(×10⁻²⁸m²)			宏观截面/(×10²m⁻¹)		
							σ_a	σ_s	σ_t	Σ_a	Σ_s	Σ_t
43	Tc	99	11.5	～7.0	0.9932	0.0203	19	—	—	—	—	—
44	Ru	101.07	12.2	7.27	0.9934	0.0197	2.56	～6	8.56	0.186	0.436	0.622
45	Rh	102.905	12.41	7.26	0.9935	0.0193	150	～5	155	10.9	0.366	11.3
46	Pd	106.4	12.02	6.79	0.9937	0.0187	6.9	5.0	11.9	0.551	0.248	0.799
47	Ag	107.87	10.50	5.86	0.9938	0.0184	63.6	～6	69.6	3.69	0.352	4.04
48	Cd	112.40	8.65	4.64	0.9940	0.0178	2450	5.6	2456	114	0.325	114
49	In	114.82	7.31	3.83	0.9942	0.0173	194	～2	196	7.30	0.084	7.37
50	Sn	118.69	～7.0	3.4	0.9944	0.0167	0.63	～4	4.6	0.021	0.132	0.152
51	Sb	121.75	6.691	3.31	0.9945	0.0163	5.4	4.2	9.6	0.189	0.142	0.331
52	Te	127.60	6.24	2.95	0.9948	0.0155	4.7	～5	9.7	0.139	0.148	0.286
53	I	126.904	4.93	2.34	0.9948	0.0157	6.2	～4	10.2	0.164	0.084	0.248
54	Xe	131.30	0.0059	0.0027	0.9949	0.0152	24.5	4.30	28.8	95*	12*	0.001
55	Cs	132.905	1.873	0.85	0.9950	0.0150	29	～20	49	0.238	0.170	0.408
56	Ba	137.34	3.5	1.54	0.9951	0.0145	1.2	～8	9.2	0.018	0.123	0.142
57	La	138.91	6.19	2.68	0.9952	0.0143	9.0	9.3	18.3	0.239	0.403	0.642
58	Ce	140.12	6.78	2.91	0.9952	0.0142	0.63	4.7	5.33	0.021	0.263	0.283
59	Pr	140.91	6.78	2.90	0.9953	0.0141	11.5	3.3	14.8	0.328	0.116	0.444
60	Nd	144.24	6.95	2.90	0.9954	0.0138	50.5	16	66.5	1.33	0.464	1.79
61	Pm	～145	—	—	0.9954	0.0137	～60	—	—	—	—	—
62	Sm	150.35	7.52	3.01	0.9956	0.0133	5800	～5	5805	173	0.155	173
	Sm₂O₃	348.70	7.43	0.0128⁺	0.974	0.076	16500	22.6	16523	211	0.289	211
63	Eu	151.96	5.22	2.07	0.9956	0.0131	4600	8.0	4608	89.0	0.166	89.2
	Eu₂O₃	352.00	7.42	0.0127⁺	0.978	0.063	8740	30.2	8770	111	0.383	111
64	Gd	157.25	7.95	3.05	0.9958	0.0127	49000			1403		
65	Tb	158.93	8.33	3.16	0.9958	0.0125	25.5	20	45.5	1.45	—	—
66	Dy	162.50	8.55	3.17	0.9959	0.0122	930	100	1030	30.1	3.17	33.3

续表

原子序数	符号	原子量或分子量	密度/(×10³kg/m³)	单位体积内的原子核数/(×10²⁸m⁻³)	$1-\bar{\mu}_0$	ε	微观截面/(×10⁻²⁸m²)			宏观截面/(×10²m⁻¹)		
							σ_a	σ_s	σ_t	Σ_a	Σ_s	Σ_t
	Dy_2O_3	372.92	7.81	0.126⁺	0.993	0.019	2200	214	2414	27.7	2.7	30.4
67	Ho	164.93	8.76	3.20	0.9960	0.0121	66.5	9.4	75.9	2.08	—	—
68	Er	167.26	9.16	3.20	0.9960	0.0119	162	11.0	173	5.71	0.495	6.20
69	Tm	168.93	9.35	3.31	0.9961	0.0118	103	12	115	4.23	0.233	4.46
70	Yb	173.04	7.01	2.44	0.9961	0.0115	36.6	25	61.6	0.903	0.293	1.20
71	Lu	174.97	9.74	3.35	0.9962	0.0114	77	8	85	3.75	—	—
72	Hf	178.49	13.31	4.49	0.9963	0.0112	102	8	110	4.71	0.0359	5.07
73	Ta	180.95	16.6	5.53	0.9963	0.0110	21	6.2	27.2	1.16	0.277	1.44
74	W	183.85	19.3	6.32	0.9964	0.0108	18.5	～5	23.5	1.21	0.316	1.53
75	Re	186.2	21.02	6.80	0.9964	0.0107	88	11.3	99.3	5.71	0.930	6.64
76	Os	190.2	22.57	7.15	0.9965	0.0105	15.3	～11	26.3	1.09	0.783	1.87
77	Ir	192.2	22.42	7.03	0.9965	0.0104	426	14	440	30.9		
78	Pt	195.09	21.45	6.62	0.9966	0.0102	10	11.2	21.2	0.581	0.660	1.24
79	Au	197.00	19.32	5.91	0.9966	0.0101	98.8	～9.3	108.1	5.79	0.550	6.34
80	Hg	200.59	13.55	4.07	0.9967	0.0099	375	～20	395	15.5	0.814	16.3
81	Tl	204.37	11.85	3.49	0.9967	0.0098	3.4	9.7	13.1	0.119	0.489	0.607
82	Pb	207.19	11.35	3.30	0.9968	0.0096	0.17	11.4	11.57	0.006	0.363	0.369
83	Bi	208.98	9.75	2.81	0.9968	0.0095	0.033	～9	9	0.001	0.253	0.256
84	Po	210.05	9.32	2.67	0.9968	0.0095	—	—	—	—	—	—
85	At	～211	—	—	0.9968	0.0094	—	—	—	—	—	—
86	Rn	～222	0.0097	0.0026	0.9970	0.0090	～0.7	—	—	—	—	—
87	Fr	～223	—	—	0.9980	0.0089	—	—	—	—	—	—
88	Ra	226.03	～5	1.33	0.9971	0.0088	11.5	—	—	0.266		
89	Ac	227	10.1	2.68	0.9971	0.0088	515					
90	Th	232.04	11.72	3.04	0.9971	0.0086	7.4	12.7	20.1	0.222	0.369	0.592
91	Pa	231.04	15.37	4.01	0.9971	0.0086	210	—	—	8.04		

续表

原子序数	符号	原子量或分子量	密度/(×10³kg/m³)	单位体积内的原子核数/(×10²⁸m⁻³)	$1-\bar{\mu}_0$	ε	微观截面/(×10⁻²⁸m²)			宏观截面/(×10²m⁻¹)		
							σ_a	σ_s	σ_t	Σ_a	Σ_s	Σ_t
92	U	238.03	19.05	4.82	0.9972	0.0084	7.53	8.9	16.43	0.367	0.397	0.765
	UO₂	270.03	10.96	2.44⁺	0.9987	0.036	7.53	~18	25.52	0.169	0.372	0.542
93	Np	237.05	20.25	5.0	0.9972	0.0084	169	—	—	—	—	—
94	Pu	239.13	19.84	5.0	0.9972	0.0083	1011	7.7	1018.7	51.1	0.478	51.6
95	Am	242.0	—	—	0.9973	0.0082	8.000	—	—	—	—	—

注：*表示已乘 10⁵；+表示分子/m³.

附 录 Ⅲ

Ⅲ-1　常用放射性核素及其参数

同位素	半衰期	能量/keV	丰度/%	生产方式
^{7}Be	53.29d	477.61*	10.39	加速器生产
^{19}O	26.91s	197.14*	95.90	^{18}O(n,γ)
		1356.84	50.40	
^{20}F	11.03s	1633.60*	100.00	^{19}H(n,γ)
^{23}Ne	37.24s	439.85*	32.90	^{22}Ne(n,γ)
^{22}Na	2.60a	511.00	179.80	加速器生产
		1274.53*	99.94	
^{24}Na	14.96h	1368.60*	100.00	^{23}Na(n,γ); ^{24}Mg(n,p);
		2754.00	99.94	^{27}Al(n,α)
^{27}Mg	9.46min	843.76	71.40	^{26}Mg(n,γ); ^{27}Al(n,p);
		1014.43*	28.60	^{30}Si(n,α)
^{28}Al	2.24min	1778.99*	100.00	^{27}Al(n,γ); ^{28}Si(n,p);
				^{31}P(n,α)
^{29}Al	6.56min	511.00	200.00	^{29}Si(n,p)
		1273.36	91.30	
^{31}Si	2.62h	1266.20	0.07	^{30}Si(n,γ); ^{31}P(n,p)
^{37}S	5.05min	3103.98*	94.00	^{36}S(n,γ); ^{37}Cl(n,p)
^{38}Cl	37.24min	1642.69*	31.00	^{37}Cl(n,γ)
		2167.68	42.00	
^{41}Ar	1.83h	1293.64*	99.16	^{40}Ar(n,γ)

续表

同位素	半衰期	能量/keV	丰度/%	生产方式
⁴⁰K	1.28×10⁹a	1460.83*	10.67	天然存在
⁴²K	12.36h	1524.58*	18.80	⁴¹K(n,γ)
⁴⁷Ca	4.54d	489.23	6.51	⁴⁶Ca(n,γ)
		807.86	6.51	
		1297.09*	74.00	
⁴⁹Ca	8.72min	3084.54*	92.10	⁴⁸Ca(n,γ)
		4072.00	7.00	
⁴⁶Sc	83.81d	889.28*	99.98	⁴⁵Sc(n,γ); ⁴⁶Ti(n,p)
		1120.55	99.99	
⁴⁶Sc(m)	18.75s	142.53*	62.00	⁴⁵Sc(n,γ); ⁴⁶Ti(n,p)
⁴⁷Sc	3.35d	159.38*	67.90	⁴⁷Ti(n,p); ⁴⁶Ca(n,γ)
				先驱核: ⁴⁷Ca
				(半衰期=4.54d)
⁴⁸Sc	43.7h	983.52*	100.00	⁴⁸Ti(n,p)
		1037.52	97.50	
		1312.10	100.00	
⁵¹Ti	5.76min	320.08*	93.10	⁵⁰Ti(n,γ)
		928.64	6.90	
⁵²V	3.75min	1434.08*	100.00	⁵¹V(n,γ)
⁵¹Cr	27.7d	320.08*	10.08	⁵⁰Cr(n,γ)
⁵⁴Mn	312.12d	834.84*	99.98	⁵⁴Fe(n,p)
⁵⁶Mn	2.58h	846.76	98.87	⁵⁵Mn(n,γ); ⁵⁶Fe(n,p)
		1810.72*	27.19	
		2113.05	14.34	
⁵⁹Fe	44.5d	142.65	1.02	⁵⁸Fe(n,γ)
		192.35	3.08	
		1099.25*	56.50	
		1291.60	43.20	

同位素	半衰期	能量/keV	丰度/%	生产方式
^{56}Co	77.7d	846.76	99.94	加速器生产
		1037.84	14.10	
		1238.29*	68.42	
		1771.35	15.50	
		2034.76	8.14	
		2598.46	17.39	
		3253.42	7.60	
^{57}Co	271.8d	14.41	9.67	加速器生产
		122.06*	85.94	
		136.47	10.33	
^{58}Co	70.82d	810.77*	99.45	^{58}Ni(n,p)
^{60}Co	5.27a	1173.24*	99.90	^{59}Co(n,γ)
		1332.50	99.98	
^{60}Co(m)	10.47min	58.60*	2.04	^{59}Co(n,γ)
		1332.50	0.24	
^{65}Ni	2.52h	366.27	4.61	^{64}Ni(n,γ)
		1115.55	14.83	
		1481.84*	23.50	
^{64}Cu	12.7h	511.00	35.80	^{63}Cu(n,γ)
		1345.77*	0.48	
^{66}Cu	5.10min	833.00	0.17	^{65}Cu(n,γ)
		1039.20*	7.40	
^{67}Cu	61.92h	91.27	7.00	^{67}Zn(n,p); ^{65}Cu(2n,γ)
		93.31	16.10	
		184.58*	48.70	
^{65}Zn	243.9d	1115.55*	50.70	^{64}Zn(n,γ)
^{69}Zn(m)	13.76h	438.63*	94.80	^{68}Zn(n,γ)
^{71}Zn(m)	3.94h	386.28*	93.00	^{70}Zn(n,γ)
		487.34	62.00	

续表

同位素	半衰期	能量/keV	丰度/%	生产方式
		511.55	28.50	
		596.07	27.90	
		620.19	57.00	
^{72}Ga	14.1h	601.02	5.56	^{71}Ga(n, γ)
		630.02*	24.90	
		834.09	95.63	
		894.34	9.88	
		1050.88	6.96	
		1861.12	5.25	
		2201.60	25.90	
		2491.12	7.67	
		2507.86	12.78	
^{75}Ge	82.78min	264.66*	11.30	^{74}Ge(n, γ)
^{77}Ge	11.3h	211.02	29.20	^{76}Ge(n, γ)
		215.48	27.10	
		264.42*	51.00	
		367.38	13.30	
		416.31	20.60	
		557.98	15.20	
		631.79	6.59	
		714.33	6.77	
^{77}Ge(m)	52.9s	159.71	11.30	^{76}Ge(n, γ)
		215.48*	20.90	
^{74}As	17.77d	511.00	59.00	^{75}As(n,2n)
		595.83*	59.40	
		634.78	15.48	
^{76}As	26.32h	559.10*	44.60	^{75}As(n, γ)
		563.23	1.20	
		657.05	6.17	

同位素	半衰期	能量/keV	丰度/%	生产方式
		1212.92	1.44	
		1216.08	3.42	
		1228.52	1.22	
^{77}As	38.83h	238.97*	1.60	^{76}Ge(n, γ); ^{75}As(2n, γ)
				先驱核：^{77}Ge
				(半衰期=11.3h)
^{75}Se	119.77d	121.12	17.30	^{74}Se(n, γ)
		136.01	59.00	
		264.66*	59.20	
		279.54	25.20	
		400.66	11.56	
^{77}Se(m)	17.45s	161.93*	52.40	^{76}Se(n, γ)
^{79}Se(m)	3.91min	95.73*	9.50	^{78}Se(n, γ)
^{81}Se	18.45min	275.93*	0.51	^{80}Se(n, γ)
		290.04	0.38	
^{81}Se(m)	57.25min	102.99*	9.80	^{80}Se(n, γ)
^{83}Se	22.3min	225.18	32.64	^{82}Se(n, γ)
		356.70*	69.90	
		510.06	42.64	
		718.03	14.96	
		799.04	14.82	
		836.52	13.28	
^{80}Br	17.68min	511.00	5.00	^{79}Br(n, γ)
		616.30*	6.70	
^{80}Br(m)	4.42h	37.05*	39.10	^{79}Br(n, γ)
^{82}Br	35.3h	554.35	70.76	^{81}Br(n, γ)
		619.11	43.44	
		698.37	28.49	
		776.52*	83.54	

续表

同位素	半衰期	能量/keV	丰度/%	生产方式
		827.83	24.03	
		1044.08	27.23	
		1317.47	26.48	
		1474.88	16.32	
^{82}Br(m)	6.13min	776.50*	0.60	^{81}Br(n, γ)
^{85}Kr(m)	4.48h	151.18*	75.10	^{84}Kr(n, γ); 裂变
		304.86	13.70	
^{87}Kr	76.31min	402.58*	49.60	^{86}Kr(n, γ); 裂变
		845.44	7.34	
		2554.80	9.20	
		2558.10	3.92	
^{88}Kr	2.84h	196.34*	26.00	裂变
		834.86	13.00	
		1529.77	10.93	
		2195.80	13.20	
		2392.14	34.60	
^{86}Rb	18.66d	1076.60*	8.78	^{85}Rb(n, γ)
^{86}Rb(m)	1.02min	556.07*	98.19	^{85}Rb(n, γ)
^{88}Rb	17.8min	898.07*	14.10	^{87}Rb(n, γ); 裂变
		1836.08	21.40	先驱核：^{88}Kr
				(半衰期=2.84h)
^{85}Sr	64.84d	514.00*	99.27	^{84}Sr(n, γ)
^{87}Sr(m)	2.81h	388.40*	82.26	^{86}Sr(n, γ)
^{89}Sr	50.55d	909.15*	0.10	^{88}Sr(n, γ); 裂变
^{88}Y	106.61d	898.07	92.70	
		1836.08*	99.35	
^{90}Y(m)	3.19h	202.47*	96.60	^{89}Y(n, γ)
		479.49	91.00	

续表

同位素	半衰期	能量/keV	丰度/%	生产方式
^{95}Zr	64.02d	724.20	44.15	^{94}Zr(n, γ); 裂变
		756.73*	54.50	
^{97}Zr	16.74h	743.33*	97.90	^{96}Zr(n,γ); 裂变
^{94}Nb(m)	6.26min	871.10*	0.50	^{93}Nb(n,γ)
^{95}Nb	34.97d	765.79*	99.79	^{94}Zr(n,γ); 裂变
				先驱核：^{95}Zr
				(半衰期=64.02d)
^{97}Nb	72.1min	657.92*	98.39	^{96}Zr(n,γ); 裂变
				先驱核：^{97}Zr
				(半衰期=16.74h)
^{99}Mo	65.94h	140.51	90.70	^{98}Mo(n,γ); 裂变
		181.06	6.08	
		739.58*	12.13	
		778.00	4.34	
^{101}Mo	14.6min	191.92	18.80	^{100}Mo(n,γ); 裂变
		505.94	11.84	
		590.90*	22.00	
		1012.48	12.78	
^{99}Tc(m)	6.01h	140.51*	89.06	^{98}Mo(n,γ); 裂变
				先驱核：^{99}Mo
				(半衰期=65.94h)
^{101}Tc	14.2min	306.83*	88.00	^{100}Mo(n,γ); 裂变
		545.05	5.99	先驱核：^{101}Mo
				(半衰期=14.6min)
^{97}Ru	69.12h	215.68*	86.17	^{96}Ru(n,γ)
		324.53	10.24	
^{103}Ru	39.26d	497.08*	90.90	^{102}Ru(n,γ); 裂变

续表

同位素	半衰期	能量/keV	丰度/%	生产方式
		610.33	5.73	
^{105}Ru	4.44h	316.44	11.12	^{104}Ru(n,γ); 裂变
		469.37	17.55	
		676.36	15.66	
		724.30*	47.30	
^{104}Rh(m)	4.34min	51.42*	84.20	^{103}Rh(n, γ)
		77.53	2.08	
		97.11	2.99	
		555.81	2.00	
^{105}Rh	35.36h	306.10	5.10	^{104}Ru(n,γ); 裂变
		318.90*	19.10	先驱核: ^{105}Ru
				(半衰期=4.44h)
^{109}Pd	13.7h	88.03*	3.61	^{108}Pd(n,γ}
^{109}Pd(m)	4.69min	188.90*	55.30	^{108}Pd(n,γ)
^{108}Ag	2.37min	433.94	0.50	^{107}Ag(n,γ)
		618.86	0.26	
		632.98*	1.76	
^{110}Ag	24.6s	657.76*	4.50	^{109}Ag(n,γ)
^{110}Ag(m)	249.76d	657.76*	94.64	^{109}Ag(n,γ)
		677.62	10.35	
		706.68	16.44	
		763.94	22.29	
		884.69	72.68	
		937.49	34.36	
		1384.30	24.28	
		1505.04	13.04	
^{109}Cd	462.6d	88.03*	3.61	^{108}Cd(n,γ)
^{111}Cd(m)	48.6min	150.82*	29.10	^{110}Cd(n,γ)
		245.38	94.00	

续表

同位素	半衰期	能量/keV	丰度/%	生产方式
^{115}Cd	53.46h	336.26	50.10	^{114}Cd(n,γ)
		492.36	8.03	
		527.91*	27.50	
^{115}Cd(m)	44.6d	484.41	0.29	^{114}Cd(n,γ)
		933.85*	2.00	
		1290.60	0.89	
^{114}In(m)	49.51d	190.27*	15.40	^{113}In(n,γ)
		558,43	4.39	
		725.24	4.33	
^{115}In(m)	4.49h	336.26*	45.80	^{114}Cd(n,γ)
				先驱核：^{115}Cd(m)
				(半衰期=53.46h)
^{116}In(m)	54.15min	416.86	29.20	^{115}In(n,γ)
		818.74	11.48	
		1097.29*	56.21	
		1293.54	84.40	
		1507.40	10.00	
		2112.32	15.53	
^{113}Sn	115.09d	255.07	1.82	^{112}Sn(n,γ)
		391.69*	64.00	
^{117}Sn(m)	13.6d	156.02	2.11	^{116}Sn(n,γ)
		158.56*	86.40	
^{119}Sn(m)	293d	23.87*	16.10	^{118}Sn(n,γ)
^{123}Sn(m)	40*08min	160.32*	85.60	^{122}Sn(n,γ)
^{125}Sn	9.64d	822.48	3.99	^{124}Sn(n,γ)
		915.55	3.85	
		1067.10*	9.04	
		1089.19	4.28	
^{125}Sn(m)	9.52min	332.10*	99.57	^{124}Sn(n,γ)

续表

同位素	半衰期	能量/keV	丰度/%	生产方式
^{122}Sb	2.70d	564.24*	69.30	^{121}Sb(n,γ)
		692.65	3.78	
^{122}Sb(m)	4.21min	61.41*	53.65	^{121}Sb(n,γ)
		76.06	18.50	
^{124}Sb	60.2d	602.73	97.80	^{123}Sb(n,γ)
		645.86	7.38	
		722.79	10.76	
		1368.16	2.62	
		1690.98*	47.34	
		2090.94	5.58	
^{124}Sb(m)	93.0s	498.40	24.50	^{123}Sb(n,γ)
		602.73	25.00	
		645.86*	25.00	
^{125}Sb	2.73a	176.33	6.79	^{124}Sn(n,γ); ^{123}Sb(2n,γ);
		427.89*	29.44	裂变
		463.38	10.45	先驱核：^{125}Sn
		600.56	17.78	(半衰期=9.64d)
		606.64	5.02	
		635.90	11.32	
^{121}Te	16.78d	507.59	17.67	^{120}Te(n,γ)
		573.14*	80.30	
^{123}Te(m)	119.70d	158.99*	84.00	^{122}Te(n,γ)
^{129}Te	69.6min	459.60*	7.70	^{128}Te(n,γ); 裂变
		487.39	1.42	
^{131}Te	25.0min	149.72*	68.90	^{130}Te(n,γ); 裂变
		452.33	18.20	先驱核：^{131}Te(m)
				(半衰期=30.0h)
^{131}Te(m)	30.0h	773.68*	38.10	^{130}Te(n,γ); 裂变

续表

同位素	半衰期	能量/keV	丰度/%	生产方式
		793.77	13.80	
		852.24	20.60	
		1125.48	11.41	
^{132}Te	78.2 h	49.82	14.40	裂变
		228.26*	88.20	
^{125}I	60.14d	35.49*	6.66	^{124}Xe(n,γ)
				先驱核：^{125}Xe
				(半衰期=16.9h)
^{128}I	24.99min	442.90*	16.90	^{127}I(n,γ)
		526.56	1.59	
^{131}I	8.04d	80.19	2.62	裂变
		284.30	6.06	先驱核：^{131}Te
		364.48*	81.20	(半衰期=24.99min)
		636.98	7.27	
^{132}I	2.28h	522.68	16.10	裂变
		630.27	13.80	先驱核：^{132}Te
		667.73*	98.70	(半衰期=78.2h)
		772.68	76.20	
		954.62	18.10	
^{133}I	20.8h	529.87*	87.00	裂变
^{134}I	52.6min	847.03	95.40	裂变
		884.09*	64.87	
^{131}I	6.57h	526.56	13.30	裂变
		546.56	7.20	
		836.80	6.73	
		1038.76	8.01	
		1131.51	22.74	
		1260.42*	28.90	

续表

同位素	半衰期	能量/keV	丰度/%	生产方式
		1457.56	8.73	
		1678.08	9.62	
		1791.22	7.77	
^{125}Xe	16.9h	188.43*	54.90	^{124}Xe(n,γ)
		243.40	28.82	
^{131}Xe(m)	11.77d	163.94*	1.96	^{130}Xe(n,γ); 裂变
^{133}Xe	5.24d	81.00*	38.00	^{132}Xe(n,γ); 裂变
^{133}Xe(m)	2.19d	233.22*	10.00	^{132}Xe(n,γ); 裂变
^{135}Xe	9.14h	249.79*	90.20	^{134}Xe(n,γ); 裂变
^{135}Xe(m)	15.29min	526.56*	92.00	^{134}Xe(n,γ); 裂变
				先驱核: ^{135}I
				(半衰期=6.57h)
^{137}Xe	3.82min	455.49*	31.20	^{136}Xe(n,γ); 裂变
^{138}Xe	14.08min	258.41*	31.50	裂变
		434.56	20.32	
		1768.26	16.73	
		2015.82	12.25	
^{134}Cs	2.06a	563.23	8.38	^{133}Cs(n,γ)
		569.32	15.43	
		604.70	97.56	
		795.85	85.44	
		801.93	8.73	
		1365.15	3.04	
^{134}Cs(m)	2.91h	127.50*	12.70	^{133}Cs(n,γ)
^{136}Cs	13.16d	66.91	12.49	裂变
		176.55	13.59	
		273.65	12.69	
		340.55	42.17	

续表

同位素	半衰期	能量/keV	丰度/%	生产方式
		818.52	99.70	
		1048.07*	79.76	
		1235.36	20.04	
^{137}Cs	30.17a	661.66*	85.21	裂变
^{138}Cs	32.2min	462.80	30.75	裂变
		547.00	10.76	先驱核：^{138}Xe
		1009.78	29.83	(半衰期=14.17min)
		1435.86*	76.30	
		2218.00	15.18	
^{131}Ba	11.8d	123.77	29.10	^{130}Ba(n,γ)
		216.05	20.00	
		373.19	13.30	
		496.26*	44.00	
^{131}Ba(m)	14.6min	108.12*	55.00	^{130}Ba(n,γ)
^{133}Ba	10.52a	53.16	2.20	^{132}Ba(n,γ)
		79.62	2.62	
		81.00	34.06	
		276.40	7.16	
		302.85	18.33	
		356.02*	62.05	
		383.85	8.94	
^{133}Ba(m)	38.9h	275.93*	17.50	^{132}Ba(n,γ)
^{135}Ba(m)	28.7h	268.22*	15.60	^{134}Ba(n,γ)
^{137}Ba(m)	2.55min	661.66*	90.10	^{136}Ba(n,γ); 裂变
^{139}Ba	84.63min	165.85*	22.05	^{138}Ba(n,γ); 裂变
^{140}Ba	12.75d	162.67	6.21	裂变
		304.87	4.30	
		423.73	3.12	

续表

同位素	半衰期	能量/keV	丰度/%	生产方式
		437.59	1.90	
		537.31*	24.39	
^{140}La	40.27h	328.76	20.61	^{139}La(n,γ); 裂变
		432.49	2.91	先驱核: ^{140}Ba
		487.02	44.27	(半衰期=12.75d)
		751.64	4.24	
		815.77	22.90	
		867.85	5.59	
		919.55	2.70	
		925.19	6.93	
		1596.21*	95.40	
^{137}Ce	9.0h	436.59	0.33	^{136}Ce(n,γ)
		447.15*	2.24	
^{137}Ce(m)	34.4h	254.29*	11.04	^{136}Ce(n,γ)
^{139}Ce	137.66d	165.85*	79.90	^{138}Ce(n,γ)
^{141}Ce	32.5d	145.44*	48.20	^{140}Ce(n,γ); 裂变
^{143}Ce	33.0h	57.36	11.56	^{142}Ce(n,γ); 裂变
		293.27*	42.80	
^{144}Ce	284.9d	133.54*	11.09	裂变
^{142}Pr	19.12h	1575.60*	3.70	^{141}Pr(n,γ)
^{147}Nd	10.98d	91.10	28.00	^{146}Nd(n,γ); 裂变
		319.41	1.95	
		531.01*	13.10	
^{149}Nd	1.72h	114.31	19.04	^{148}Nd(n,γ); 裂变
		211.31*	25.90	
		270.17	10.72	
^{151}Nd	12.44min	116.84	46.21	^{150}Nd(n,γ); 裂变
		255.72	17.50	

续表

同位素	半衰期	能量/keV	丰度/%	生产方式
		1180.86*	15.77	
		319.41	1.95	
		531.01*	13.10	
^{149}Nd	1.72h	114.31	19.04	^{148}Nd(n,γ); 裂变
		211.31*	25.90	
		270.17	10.72	
^{151}Nd	12.44min	116.84	46.21	^{150}Nd(n,γ); 裂变
		255.72	17.50	
		1180.86*	15.77	
^{149}Pm	53.08h	285.95*	3.10	^{148}Nd(n,γ); 裂变
				先驱核：^{149}Nd
				(半衰期=1.72h)
^{151}Pm	28.4h	340.06*	22.00	^{150}Nd(n,γ); 裂变
				先驱核：^{151}Nd
				(半衰期=12.44min)
^{145}Sm	340d	61.22*	12.70	^{144}Sm(n,γ)
^{153}Sm	46.27h	69.67 *	4.85	^{152}Sm(n,γ); 裂变
		103.18	28.82	
^{155}Sm	22.3min	104.35*	74.60	^{154}Sm(n,γ); 裂变
		141.44	2.01	
		245.79	3.73	
^{152}Eu	13.33a	121.78	28.37	^{151}Eu(n,γ)
		244.69	7.51	
		344.29	26.58	
		411.12	2.23	
		443.89	3.12	
		778.92	12.96	
		867.38	4.16	

续表

同位素	半衰期	能量/keV	丰度/%	生产方式
		964.11	14.62	
		1085.89	10.16	
		1112.08	13.50	
		1408.00*	20.85	
^{152}Eu(m)	9.32h	121.78*	7.20	^{151}Eu(n,γ)
		344.29	2.44	
		841.59	14.60	
		963.36	12.00	
^{154}Eu	8.59a	123.07	40.42	^{153}Eu(n,γ)
		247.93	6.84	
		591.76	4.92	
		723.30	19.98	
		756.86	4.50	
		873.20*	12.09	
		996.30	10.34	
		1004.76	17.90	
		1274.51*	34.40	
^{155}Eu	4.68a	86.54	32.80	^{153}Eu(2n,γ)
		105.31	21.84	
^{153}Gd	241.6d	69.67	2.32	^{152}Gd(n,γ)
		97.43*	27.60	
		103.18	19.60	
^{159}Gd	18.56h	58.00	2.27	^{158}Gd(n,γ)
		363.56*	10.80	
^{161}Gd	3.66min	102.32	13.87	^{160}Gd(n,γ)
		314.92	22.69	
		360.94	60.05	
^{160}Tb	72.3d	86.79	12.76	^{159}Tb(n,γ)
		197.04	5.61	

续表

同位素	半衰期	能量/keV	丰度/%	生产方式
		215.65	4.41	
		298.58	28.89	
		879.38	32.90	
		962.32	10.53	
		966.17	27.18	
		1177.96	16.22	
		1271.88	8.13	
^{161}Tb	6.90d	48.92	16.69	^{159}Tb(2n,γ); ^{160}Dy(n,γ)
		74.58*	10.70	先驱核：^{161}Gd
				(半衰期=3.66min)
^{159}Dy	144.4d	58.00*	2.22	^{158}Dy(n,γ)
^{165}Dy	2.33h	94.70	3.58	^{164}Dy(n,γ)
		279.76	0.50	
		361.67	0.84	
		633.43	0.57	
		715.33	0.53	
^{166}Dy	81.6h	82.47*	13.80	^{164}Dy(2n,γ)
^{166}Ho	26.8h	80.57*	6.33	^{165}Ho(n,γ)
		1379.32	0.93	
^{166}Ho(m)	1200a	80.57	12.50	^{165}Ho(n,γ)
		184.10	73.90	
		280.45	29.70	
		410.93	11.30	
		529.80	9.80	
		711.68*	55.90	
		752.27	12.50	
		810.28	59.70	
		830.57	10.00	
^{171}Er	7.52h	111.65	20.50	^{170}Er(n,γ)

续表

同位素	半衰期	能量/keV	丰度/%	生产方式
		295.90	28.90	
		308.29*	64.40	
^{172}Er	49.3h	407.34*	43.00	^{170}Er(2n,γ)
		610.06	45.20	
^{170}Tm	128.6d	84.30*	3.26	^{169}Tm(n,γ)
^{171}Tm	1.92a	66.73*	0.14	^{169}Tm(2n,γ);
				^{170}Er(n,γ);
				先驱核：^{171}Er
				(半衰期=7.52h)
^{172}Tm	63.6h	78.79	6.5	^{170}Er(2n,γ);
		1093.67	6.0	先驱核：^{172}Er
		1387.22	5.47	(半衰期= 49.3h)
		1466.01	4.47	
		1529.82	5.10	
		1608.61	4.05	
^{169}Yb	32.02d	63.12	43.74	^{168}Yb(n,γ)
		109.78	17.36	
		130.52	11.11	
		177.21	21.45	
		197.96	34.94	
		307.74	10.80	
^{175}Yb	4.19d	113.81	1.91	^{174}Yb(n,γ)
		282.52	3.05	
		396.33	6.50	
^{177}Lu	6.71d	112.95	6.40	^{176}Lu(n,γ)
		208.36*	11.00	
^{177}Lu(m)	160.9d	105.35	11.50	^{176}Lu(n,γ)
		112.95	21.50	

续表

同位素	半衰期	能量/keV	丰度/%	生产方式
		128.50	15.20	大多数γ射线来自子体 ^{177}Hf(m)
		153.29	17.80	
		174.40	12.70	
		204.10	14.40	
		208.36*	60.90	
		228.47	37.20	
		281.79	14.10	
		319.03	11.00	
		327.69	17.40	
		378.50	27.70	
		413.66	17.50	
		418.53	20.10	
^{175}Hf	70.0d	343.40*	87.00	^{174}Hf(n,γ)
^{180}Hf(m)	5.52h	57.54	48.52	^{179}Hf(n,γ)
		215.26	81.66	
		332.30*	94.40	
		443.19	83.26	
^{181}Hf	42.39d	133.03	35.87	^{180}Hf(n,γ)
		136.28	5.80	
		345.94	15.07	
		482.18*	80.60	
^{182}Ta	114.5d	67.75	42.30	^{181}Ta(n,γ)
		84.68	2.74	
		100.11	14.10	
		113.67	1.90	
		116.42	0.44	
		152.43	7.17	
		156.39	2.72	
		179.39	3.18	

续表

同位素	半衰期	能量/keV	丰度/%	生产方式
		198.35	1.51	
		222.11	7.60	
		229.32	3.64	
		264.08	3.64	
		1121.30	35.00	
		1189.05	16.30	
		1221.41*	27.10	
		1231.02	11.50	
		1257.42	1.49	
		1289.16	1.35	
^{182}Ta(m)	15.84min	146.80	33.00	^{181}Ta(n,γ)
		171.60*	43.30	
		184.90	21.70	
^{183}Ta	5.10d	99.10	11.50	^{181}Ta(2n,γ)
		107.90	10.50	
		161.30	10.20	
		162.30	5.50	
		209.90	4.30	
		244.30	8.70	
		246.10*	25.90	
		354.00	11.20	
^{181}W	121.2d	136.28	0.03	^{180}W(n,γ)
		152.32*	0.08	
^{185}W	75.1d	125.36*	0.02	^{184}W(n,γ)
^{187}W	23.9d	72.00	10.77	^{186}W(n,γ)
		134.25	8.56	
		479.57*	21.13	

续表

同位素	半衰期	能量/keV	丰度/%	生产方式
		551.52	4.92	
		618.28	6.07	
		685.74	26.39	
		772.91	3.98	
^{188}W	69.4d	227.09	0.22	^{186}W(2n,γ)
		290.67*	0.40	
^{186}Re	90.64h	122.43	0.66	^{185}Re(n,γ)
		137.14*	8.50	
^{188}Re	16.98h	155.06*	14.90	^{187}Re(n,γ); ^{186}W(2n,γ) 先驱核：^{188}W (半衰期=69.4d)
^{188}Re(m)	18.6min	63.58	21.60	^{187}Re(n,γ); ^{186}W(2n,γ)
		92.40	5.20	先驱核：^{188}W
		105.90*	10.80	(半衰期=69.4d)
^{185}Os	93.6d	646.12*	81.00	^{184}Os(n,γ)
^{190}Os(m)	9.9min	186.71	70.20	^{189}Os(n,γ)
		361.13*	94.90	
		502.54	97.80	
		616.09	98.60	
^{191}Os	15.4d	129.43*	25.70	^{190}Os(n,γ)
^{193}Os	30.5h	73.01	3.24	^{192}Os(n,γ)
		138.89	4.27	
		280.43	1.24	
		321.56	1.28	
		387.46	1.26	
		460.49*	3.95	
		557.36	1.30	

续表

同位素	半衰期	能量/keV	丰度/%	生产方式
^{192}Ir	73.83d	295.96	28.73	
		308.46	29.75	^{192}Ir(n,γ)
		316.51*	83.00	
		468.07	47.72	
^{192}Ir(m)	1.45min	58.00*	0.04	^{191}Ir(n,γ)
^{194}Ir	19.15h	293.54	2.52	^{193}Ir(n,γ)
		328.46*	13.00	
^{194}Ir(m)	171. d	328.46	92.80	^{93}Ir(n,γ)
		338.80*	55.10	
		390.80	35.10	
		482.66	96.90	
		562.40	69.90	
		600.50	62.30	
		687.80	59.10	
^{191}Pt	2.96d	82.43	4.90	^{190}Pt(n,γ)
		359.93	6.00	
		409.48	8.00	
		538.91*	13.70	
^{195}Pt(m)	4.02d	30.88	2.28	^{194}Pt(n,γ)
		98.88*	11.40	
		129.77	2.80	
^{197}Pt	18.3h	77.34*	17.10	^{196}Pt(n,γ)
		191.36	3.70	

续表

同位素	半衰期	能量/keV	丰度/%	生产方式
^{197}Pt(m)	94.4min	279.11	2.30	^{196}Pt(n,γ)
		346.81*	11.10	
^{199}Pt	30.8min	185.78	3.26	^{198}Pt(n,γ)
		191.69	2.38	
		246.44	2.16	
		317.06	4.87	
		493.74	5.70	
		542.96*	14.80	
^{196}Au	6.18d	332.87	22.85	^{197}Au(n,γ)
		355.58*	86.90	
		425.64	7.20	
^{198}Au	2.70d	411.80*	95.50	^{197}Au(n,γ)
		675.89	0.80	
^{199}Au	3.14d	158.38*	36.90	^{197}Au(2n,γ); ^{198}Pt(n,γ)
				先驱核：^{199}Pt
				(半衰期=30.8min)
		208.20	8.37	
^{197}Hg	64.1h	77.34*	18.00	^{196}Hg(n,γ)
^{197}Hg(m)	23.8h	133.96*	34.10	^{196}Hg(n,γ)
		279.11	4.90	
^{199}Hg(m)	42.6min	158.38*	53.00	^{198}Hg(n,γ)
		374.10	13.90	
^{203}Hg	46.61d	279.20*	81.46	^{202}Hg(n,γ)

续表

同位素	半衰期	能量/keV	丰度/%	生产方式
²⁰⁵Hg	5020min	203.75*	2.20	²⁰⁴Hg(n,γ)
²⁰⁸Tl	3.05min	277.36	6.31	先驱核：天然 ²³²Th
		510.77	22.61	(半衰期=1.4×10¹⁰a)
		583.19	84.48	
		860.56	12.42	
		2614.53*	99.16	
²¹²Pb	10.64h	238.63*	53.65	先驱核：天然 ²³²Th
				(半衰期=1.4×10¹⁰a)
		300.09	3.34	
²¹⁴Pb	26.8min	241.92	7.46	先驱核：天然 ²³⁸U
				(半衰期=4.5×10⁹a)
		295.09	19.20	
		351.87*	37.10	
²¹²Bi	60.55min	727.25*	11.80	先驱核：天然 ²³²Th
		785.51	2.00	(半衰期=1.4×10¹⁰a)
		1620.66	2.80	
²¹⁴Bi	19.9min	609.31*	46.10	先驱核：天然 ²³⁸U
		768.35	4.88	(半衰期=4.5×10⁹a)
		934.04	3.16	
		1120.27	15.00	
		1238.11	5.92	
		1377.66	4.02	
		1729.58	3.05	
		1764.49	15.90	
		2204.09	4.99	
²²⁶Ra	1600a	186.10*	3.50	先驱核：天然 ²³⁸U
				(半衰期=4.5×10⁹a)

同位素	半衰期	能量/keV	丰度/%	生产方式
228Ac	6.13 h	129.07	2.45	先驱核：天然 232Th
		209.25	3.88	(半衰期=1.4×10^10a)
		270.24	3.43	
		328.00	3.06	
		338.32	11.25	
		409.46	1.94	
		463.01	4.44	
		794.95	4.34	
		911.21*	26.60	
		964.77	5.11	
		968.97	16.17	
		1588.21	3.27	
233Th	22.3min	29.38	2.60	232Th(n,γ)
		86.53	2.60	
		94.72	0.90	
		459.31*	1.40	
		669.78	0.68	
233Pa	27.0d	75.34	1.17	232Th(n,γ)
		86.65	1.76	先驱核：天然 233Th
		300.18	6.20	(半衰期=22.3min)
		312.01*	36.00	
		340.59	4.20	
		398.66	1.19	
		415.93	1.51	
235U	7.10×10^8a	109.14	1.50	天然存在
		143.76	10.50	
		163.35	4.70	
		185.72*	54.00	
		205.31	4.70	

续表

同位素	半衰期	能量/keV	丰度/%	生产方式
^{239}U	23.47min	45.53	4.45	^{238}U(n,γ)
		74.66*	50.00	
^{239}Np	2.36d	106.12	22.86	^{238}U(n,γ)
		209.75	3.27	先驱核：天然 ^{239}U
		228.18	10.79	(半衰期=23.47min)
		277.60*	14.20	
		334.31	2.05	
^{241}Am	432.2a	59.54*	35.70	反应堆生产

注：m 表示同质异能态；*表示优选分析的伽马射线(因为其丰度最大).